小型盆景制作与赏析

马文其　编著

金盾出版社

内 容 提 要

　　小型盆景是盆景艺术家族中的一员，它千姿百态，巧夺天工，惟妙惟肖的艺术造型令人叹为观止、陶醉其中。本书紧贴盆景创作实践，主要介绍了木本盆景、草本盆景、山水盆景等的造型技艺及制作技巧，同时选取了部分具有代表性的盆景作品作了赏析，彩页中选取了极具观赏性的精品之作及一些盆景艺术大师的获奖作品。

　　丰富的素材，精当的点评，对开阔盆景创作思路和创作实践具有积极的指导作用。本书不仅是广大盆景爱好者的实用性读物，而且对园艺工作者、盆景专业人士也具有重要的参考价值。

图书在版编目（CIP）数据

小型盆景制作与赏析/马文其编著. — 北京：金盾出版社，2008.12 (2019.3重印)
ISBN 978-7-5082-4893-6

Ⅰ．小…　Ⅱ．马…　Ⅲ．盆景—观赏园艺　Ⅳ．S688.1

中国版本图书馆 CIP 数据核字(2008)第001048号

金盾出版社出版、总发行

北京太平路 5 号（地铁万寿路站往南）
邮政编码：100036　电话：68214039　83219215
传真：68276683　网址：www.jdcbs.cn
北京军迪印刷有限责任公司印刷、装订
各地新华书店经销

开本：787×1092 1/16　印张：9.75　彩页：12　字数：225千字
2019年3月第1版第9次印刷
印数：33 001～36 000册　定价：29.00元

名称：姹紫嫣红　材料：杜鹃　制作：吴多贵

名称：花团锦簇　材料：杜鹃　制作：扬州红园

名称:附木小菊　材料：菊花　制作：贺生仓

名称：婀娜多姿　材料：垂枝梅　制作：曹世卿

名称：双鹿迎春　材料：迎春
制作：马文其

1

名称：幽香粉艳　材料：美人梅　制作：马文其

名称：争艳　材料：贴梗海棠　制作：赵庆泉

名称：老树新装　材料：珍珠花　制作：宋念祖

名称：霜叶红于二月花　材料：黄栌 墨石
制作：马文其

名称：青翠欲滴　材料：黄栌　制作：马文其

名称：碧空繁星　材料：珍珠花　制作：宋念祖

名称：鹤鸣　材料：水仙　制作：马文其

名称：太公垂钓　材料：杜鹃　制作：傅绍安
舒芳声　供稿

名称：潇洒　材料：水仙　制作：马文其

3

名称：霸叶红于二月花　材料：黄栌　制作：马文其

名称：春意盎然　材料：黄栌　制作：马文其

名称：枫林秋叶　材料：三角枫　制作：章征武

名称：远客来迎　材料：榔榆　制作：马建康

名称：云岭深处　材料：大板松　制作：马永生
胡光生　供稿

名称：根繁叶茂　材料：榕树　制作：卢逦骅

名称：根繁叶茂　材料：榕树　制作：卢逦骅

名称：三结义　材料：榕树　制作：卢逦骅

名称：胸怀坦荡　材料：中华蚊母　制作：姚本琪
　　　曹世卿　供稿

名称：苍翠　材料：蚊母　制作：王习书

名称：曲折有致　材料：银杏　制作：焦国英

名称：天高云淡　材料：榆树　制作：陈正奎

名称：铁骨生春　材料：银杏　制作：扬州红园

名称：呵护　材料：榆树　制作：汪光旭
舒芳声　供稿

名称：洞天福地　材料：银杏
制作：杨光术　曹世卿　供稿

名称：长相依　材料：五针松　制作：周月泉
陈正奎　供稿

名称：毫釐情　材料：榆树　制作：汪光旭
舒芳声　供稿

名称：春牧　材料：文竹　制作：马文其

名称：古树新妆　材料：榆树　制作：卢逦骅

名称：二乔　材料：苹果　制作：张尊中

名称：硕果累累　材料：金帅苹果　制作：张尊中

名称：秋景　材料：冬红果　制作：张尊中

名称：硕之恋　材料：苹果　制作：王小波
张尊中　供稿

名称：枯木逢春　材料：花石榴　制作：马文其

名称：硕果累累　材料：冬红果　制作：张尊中

名称：奔驰　材料：金弹子　制作：扬州红园

名称：春华秋实　材料：新红星苹果　制作：张尊中

名称：孤帆远航
材料：细沙积石

制作：马文其

名称：燕山春来早
材料：燕山石

制作：刘宗仁

名称：冰山来客
材料：乳晶石

制作：潘科学

名称：清江送白帆
材料：燕山石

制作：刘宗仁

中国盆景历史悠久，源远流长。它是集诗、画、园艺、美学、雕塑等学科与造型技艺为一体的综合性造型艺术，融自然美、整体美、艺术美和意境美为一体，运用"缩龙成寸"、"缩地千里"、"以小见大"等艺术手法，将大自然的风姿神采艺术地再现于盆钵之中，以营造"景外之境，象外之相"、"景有尽而意无穷"的盆景艺术最高境界。

进入21世纪，随着我国经济的繁荣，人们的生活环境、居家条件的改善，小型盆景以其成型时间短、取材容易、管理方便、艺术品位较高等特点受到人们的喜爱。当前，盆景园艺产业发展势头强劲，盆景爱好者越来越多，盆景创作队伍日益扩大，已成为一种世界性的园艺文化。为了满足广大盆景爱好者制作盆景的需要，笔者总结了40多年的盆景创作与教学经验，精心组织编写了此书。

本书从小型盆景造型入手,介绍了近60种木本盆景、草本盆景和山水盆景等的立意、选材、造型设计及制作技巧,同时选取了具有代表性的盆景作品,对每件盆景的构思、制作特点等作了精当的点评。彩页中精选了极具观赏性的精品之作及一些盆景大师的获奖作品,对开阔盆景创作思路和创作实践具有积极的指导作用和重要的参考价值。本书集实用性与欣赏性为一体,内容通俗易懂,制作方法简便易学,看后便能动手制作。本书实为盆景爱好者的实用性读物,亦可供盆景工作者及园艺专业人士参考。

由于水平有限,书中存在的不足及疏漏之处,敬请广大读者及专业人士提出宝贵意见。

编 者

前言

PREFACE

目录

第一章　小型盆景概述

第二章　小型木本盆景制作与赏析

第三章 草本植物盆景制作与赏析

第四章 山水盆景制作与赏析

第一章　小型盆景概述

盆景是我国独特的传统园林艺术之一，有着悠久的历史。它是栽培技术与造型技艺的结晶，是自然美与艺术美的结合，在世界园林艺术中享有盛誉。小型盆景属盆景的一种类型，它以清靓雅致、以小见大、以形传神的艺术表现形式深受大众喜爱，成为人们精神文化生活的重要组成部分。

本章概括介绍小型盆景的历史渊源、小型盆景的特点、主要功用及小型盆景的欣赏等。

第一节　小型盆景的历史渊源

据考证，我国盆景始于唐代，至今已有1300多年的历史。1972年，我国考古工作者在陕西乾陵发掘的章怀太子李贤（武则天之子）墓甬道的东壁上发现刻有侍女手捧盆景的壁画。该画显示，盆钵中有几块小石，石间长有两棵小树木，树木上还结有果实，侍女手捧盆花，见图1-1。

从体量大小来看，应属于小型盆景，这是我国目前发现最早的一件盆景。

宋人许棐也有关于小型盆花的描述，他的《小盆花》诗："小小盆中花，春风随风足。花肥无胜红，叶瘦无久绿。心倾几点香，也饱游峰腹。太盛必易衰，荒烟锁金谷。"元代高僧韫上人在盆景艺术方面很有造诣，他的"此子景"（即小型盆景）师法自然，极富诗情画意。

清代盆景进入成熟期，宫廷、民间都有小型盆景陈设，见图1-2。

图1-2　清代《胤禛妃行乐图》中的各种盆景

图1-1　侍女手捧盆景

该图中，地面的几架放置有体量不大的几件盆景，应属小型盆景。

图1-3 清代《点石斋花报》《西妓弹词》中的盆景陈设

时至今日，随着时代不断进步，小型盆景无论从造型上，还是制作技艺上都有了很大的发展，特别是改革开放30年来，随着我国经济的飞速发展，人民的物质、文化生活水平的日益提高，各种新款式的小型盆景不断涌现，已成为一种雅俗共赏的文化艺术走进千家万户，装点、美化着人们的生活。

第二节　小型盆景的特点

中国盆景，依据材料和构图不同，大致分为桩景类、山水类和草本类，各类又分不同的规格型号及制作要求。

所谓小型盆景，是相对于特大型、大型和中型盆景而言的，在它之下还有更小的微型盆景。小型盆景一般按照人们的观赏习惯来界定，少有固定不变的统一标准。小型盆景虽然体量较小，但要求却很高，其主要特点：一是精致、情趣、赏心悦目，搬动置放较为方便。二是艺术性强。和其它型号盆景一样，属中国传统造型艺苑中的一门"高等艺术"，其制作要求须反映以小见大的艺术特色，莳养、制作要求

与大中型盆景基本相同。三是素材选取非常讲究。必须是桩干矮而苍茂，山石小而起峰，形态秀美、小中见大、极具诗情画意。四是取材容易，成型所用时间较短。广大盆景爱好者可在较短时间内制作出自己喜欢的作品。

图1-4 山花烂漫（野牡丹）　林三和作

第三节　小型盆景的主要功用

一、装点和美化生活环境

随着人们生活水平的不断提高，美化环境、美化居室及公共场所成为一种品质生活的标志。

家庭厅堂是一个家庭最为重要的活动空间，是居家休息、接待客人的地方，盆景的摆设布置能充分体现主人的文化品位和修养。如春节在厅堂的正门摆一盆迎客松；在厅堂的迎门位置摆一盆"花篮献寿"水仙盆景，上悬一带福字的中国结；在饭桌上摆上一小型冬红果盆景，可营造出祥和、欢乐、喜庆的节日气氛。

图1-5 硕果累累（冬红果） 张尊中作

在室内墙角及空旷处，可做经艺术加工的圆形框架，在框架后左侧几架上摆放一件小型的松树盆景为远景；框架前左、右两侧再各摆放一件小型树木盆景（至于摆放什么树种的小盆景，可根据主人的喜好而定），在框架右旁摆放一件山水盆景，从正面看，极富诗情画意，见图1-6。

图1-6 室内盆景的陈设

家庭陈设盆景注意事项

1. 挑选适应性强，有一定耐荫性的植物。家庭厅堂、卧室陈设植物盆景可选榕树、地柏、刺柏、九里香、佛肚竹、袖珍椰子、文竹等植物；时令观花盆景可选迎春、四季迎春、梅花、石榴、六月雪、三角梅、菊花、水仙等植物。

2. 盆景大小与厅堂、卧室空间要协调。要选与厅堂、卧室大小匹配的盆景，这样才能显得室内协调、和谐，富有艺术品位和生活情趣。

3. 陈设高度要适当。如果陈设山水盆景应放置略低于普通人的视平线高度，这样才能观赏到山脚的曲线美，以及湖光山色的韵味。悬崖式树木盆景宜放置高于视平线的墙角处或高脚几架上，这样才能充分体现枝条倒挂、一泻千里的气势。

4. 背景应简洁。盆景是自然界景物在盆钵中的艺术再现，盆景的背景宜淡雅，常用乳白色、淡蓝色衬托。

5. 注意采光、通风。在室内陈设盆景，光照差，空气流通不畅，影响植物的光合作用，对植物生长不利。如果室内向阳和背阴处都陈设盆景，应5天左右将它们轮换一次位置。如果室内通风透光都比较差，应5天左右将室内盆景与放置露天场地的盆景轮换一次为好。

宾馆、办公场所是人流密集的场所。一个宾馆档次的高低、形象的好坏，环境的美化具有重要作用。现在许多高级宾馆的客房、办公场所都很注重这方面的投入，尤其是一些长青、耐荫的树桩盆景特别受欢迎，如榕树、黑檀、山桔、各类松、柏等。既长绿又耐贫瘠，只要稍加轮换并管理得当，一般可长年摆设，新绿一片，给人一种朝气蓬勃的力量。

图1-3 根繁叶茂（榕树） 卢迺骅作

二、具有良好的社会效益和经济效益

改革开放以来，我国盆景作为一种产业进

入快速发展时期,全国性的盆景展几乎每年都有,甚至到国外举办盆景展,这种良好的发展势头,对繁荣我国盆景文化和开展国际经济、文化交流起到了积极的推动作用。自1979年我国首次参加国际盆景展览以来,盆景出口外销量逐年增加,外汇创收可观,为繁荣我国经济作出了积极的贡献。目前盆景遍及五大洲,成为世界性的园林艺术。

三、有益于身心健康

盆景不仅以其独特的艺术魅力丰富了人们的精神文化生活,给人以美的享受,而且有益于人的身心健康。

欣赏高水平的盆景作品,使人仿佛置身于大自然的怀抱。青翠的枝叶、缤纷的花朵、累累的硕果、四溢的香气、奇特的造型,给人极大的视觉和精神享受。据测定,绿色的环境对人体的身心和视觉有着不可低估的保护作用。经常欣赏盆景能调节人的中枢神经,稳定情绪,有利于改善和调节机体多种功能,使人脉搏减慢、呼吸均匀,血压平稳,心脏负担减轻,缓解视觉疲劳,对人体大有益处。我国盆景艺术泰斗周瘦鹃先生,盆景制作技艺高超,闻名遐迩。老人的长寿与他热爱自然和盆景制作有着很大的关系,他在90岁高龄仍以制作养护盆景为乐事。

制作莳养盆景是一种体力与脑力相结合的劳动,选材、构思、创作、养护都需要一定的脑力和体力,从盆景中寻找乐趣,快乐了心境,同时也锻炼了身体,对身体健康起到了积极的促进作用。

第四节 小型盆景欣赏

盆景除具有经济价值、社会价值外,观赏价值也是重要的一个方面,欣赏什么,怎样欣赏,都是有讲究的。

一、欣赏的前提

所赏小型盆景应具有主观和客观两方面的条件:主观条件:欣赏者要有一定的审美鉴赏力、理解力,审美的想象力以及健康的审美观,这样才能辨别真与假、美与丑、善与恶;客观条件,盆景作品本身要具有观赏价值,符合审美需求。

二、欣赏的方面

1. 自然美。盆景作品是大自然景物的再现,所以盆景制作的基础来源于自然,所以一定要体现这一特色,如脱离自然美,盆景作品就成了无源之水、无本之木。如山水盆景的自然美主要体现于材料的质地、形态、纹理、色泽等。

植物盆景的自然美与山水盆景的自然美不同,大部分植物四季分明,如石榴盆景,春季嫩芽萌发,欣欣向荣;夏季花朵怒放,艳丽多姿;秋季硕果挂满枝头,给人们带来丰收的喜悦;冬季叶落,显示老干虬枝、铁骨铮铮。盆景的自然美主要体现于根、干、枝、叶、花、果等方面。

2. 艺术美。所谓艺术美通俗说就是加工制作技艺,植物盆景还有莳养水平高低。如图4-4独峰式芦管石盆景,创作者在购石时已想好加工方案,购回后把山石下部锯平,在山石右侧放一小石作陪衬,胶合好后放置圆形浅紫砂盆中,栽种植物、点缀配件,即成照片形象。山石的自然美得以原貌保留,不足之处伸向右侧小树过大,这件作品是笔者20世纪80年初的作品。

树木盆景的艺术美,就是把树木素材特性发挥到极至。图2-34,四季迎春花篮的制作。前些年春季,笔者获得一棵有两个长枝的四季迎春苗木,怎样加工才能发挥两个长枝的特点?思考后把两个长枝弯曲加工成一个花篮。如果只看最后成型图,有的观赏者猜不到它是用两个长枝条加工而成的。

技艺的高低,不仅仅在于加工的繁简,更重要的是在于抓住本质,反映特色,以形传神。

3. 意境美。意境美是盆景艺术作品与欣赏者情感、认知、艺术素养相互沟通时所产生的一种艺术境界。盆景意境是内在的、含蓄的,这就需要欣赏者运用丰富的想象和联想,细心品味其中之美。由于人们的社会经历、文化程度、文学、美学素养不同,观看一件作品,会产生不同的视角及精神享受。

第二章 小型木本盆景制作与赏析

第一节 造型技艺

一、修 剪

修剪是树木盆景造型的重要技艺之一,只有通过修剪才能塑造出优美的造型,达到美化环境、提高艺术品位与欣赏价值的目的。

(一)疏 剪

疏剪是指在树木盆景生长期间,将一些过密的、不符合造型要求的枝剪掉。疏剪的作用:一是改变造型枝的生长空间,使需要造型的枝条更快更好地按创作者的意图发展;二是对生长强旺的长枝适当修剪,使树势平衡、疏密有致、整体协调。

图 2-1 疏剪的操作

(二)短 剪

短剪也叫重剪,即把长枝剪短,是指在枝条培育到预定的粗度时,在适合的季节进行一次全面的大修剪。按造型的需要可长可短,但一般以留 2~3 对芽眼的长度为好。短剪的目的是使枝条出现节律变化,使树势均衡、萌芽统一。

图 2-2 短剪后的树木形态

二、蟠 扎

(一)棕丝蟠扎

棕丝蟠扎是利用粗细不同的棕绳,对树木的干、枝进行弯曲和改型的方法,是苏派、扬派、川派等盆景的传统造型方法。

棕丝蟠扎主要是选好着力点和掌握力的平衡。操作时选用适中的浸透水的棕绳,在弯干下部的着力点打一活结固定一端,将棕绳相互交叉成一股再分开,置于弯曲干的上端,使树干弯曲,将棕绳收紧,打死结固定,这样一棕一结的叫"分棕"。"套棕"是用同一棕绳连续结扎,一弯接一弯,但每结必须牢固不可滑动。

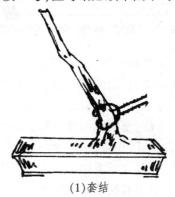

(1)套结

(2)交叉棕绳

(3)弯曲固定

图2-3 "分棕"

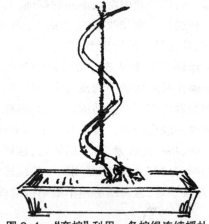

图2-4 "套棕"利用一条棕绳连续蟠扎

(二)金属丝蟠扎

金属丝蟠扎是用铜丝、铝丝、铁丝等金属丝缠绕在枝干上,依靠金属丝的拉力将枝干进行弯曲的方法。金属丝蟠扎的最大好处是整形快、可塑性强,可任意进行三维空间的弯曲,且操作简便。根据树干下粗上细的情况进行全干蟠扎时,可采用双丝或三丝进行。

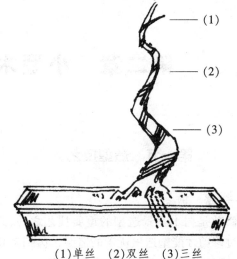

(1)单丝 (2)双丝 (3)三丝

图2-5 金属丝蟠扎

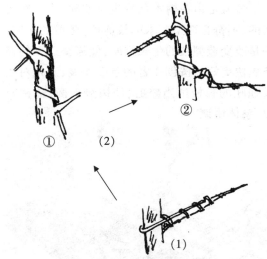

(1)单枝缠绕法 (2)双枝一丝法
①蟠扎过程中 ②蟠扎完毕
图2-6 金属丝蟠扎

三、其他技艺

摘叶、摘心、抹芽是树桩造型的重点技艺之一,是改变树相、控制生长、均衡树势、促进分枝、缩小叶片的技术措施。在成形桩景的养护管理过程中,通过摘叶、摘心、抹芽可保持树形,提高观赏效果。

(一)摘叶

一般是结合修剪同时进行。当树桩进行全面大修剪后将叶子全部摘除,促使树木萌芽统一,达到最佳的观赏效果。

（二）摘心

摘心是指树木长出新芽后,摘去芽心或芽头,使全腋芽充实,增加分枝级数,加速作品成形的方法,多用于健壮的强势芽中。

1. 松类。松类新梢轮生,顶芽壮旺,如不摘心控制,下部易成秃枝,影响美感。可在 4 月新芽生出而未放针时摘去强势芽芽心的 2/3;摘去中势芽芽心的 1/2;弱势芽不摘,促使全树生长平衡。8 月再在去年保有松针的老枝上进行一次重剪,促萌秋芽。每年返复作业,即可得到既密且短的松枝。

(1)摘心前形态

(2)摘心后形态　强势芽摘 2/3,中势芽摘 1/2,
弱势芽不摘

图 2-7　松树摘心

2. 柏树类。柏类可在 5 月下旬摘心,初秋可进行第二次。摘心后半个月可萌出新芽,促使枝密丰满。

图 2-8　柏类摘心,必须用手摘

3. 杂木类。当作品进入成形阶段后,每次新梢萌发后可对强势梢进行摘心,一般保留 2~3 片叶,半月后可重萌新梢。萌芽力强的树种一年可进行 2~3 次摘心,通过不断摘心,达到造型丰满、树相美观的目的。

图 2-9　杂木摘心,保留 2~3 片叶,其余摘除

（三）抹芽

抹芽是将多余的非造型需要的芽从干身

上抹去。抹芽对于一些萌芽力强的树种更为重要，如果任由枝芽生长，会空耗树身养分，同时影响通风采光，造成树势衰弱。

(1)抹芽前

(2)抹芽后

图2-10　抹芽

第二节　根干枝的造型与制作

一、根的造型

根是桩景造型的基础，根的好坏决定了作品的艺术价值。桩景的造型形式有多种，每一种形式对根盘都有其相应的要求，如单干、双干、三干、大树形需有四歧根；斜干、水影、悬崖形要有与干身反方向的拖根；丛林、过桥形要有连根；挂钩形要有悬挂根；以根代干要有高裸粗根；附石要有长软细根。这些都是对根盘最基本的要求，最忌"插木"（根埋在盆土下，盆面上看不到根）、"人字根"。

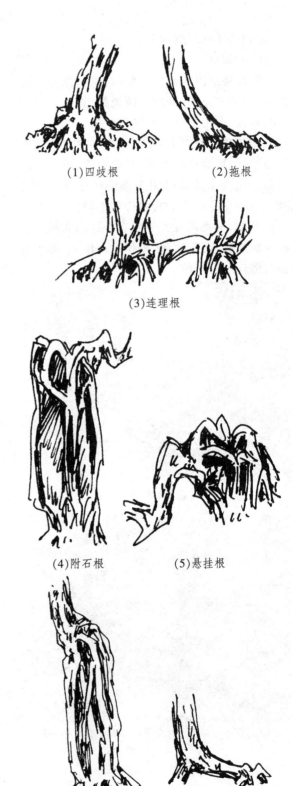

(1)四歧根　　　　(2)拖根

(3)连理根

(4)附石根　　　　(5)悬挂根

(6)代干根　　　　(7)人字根

图2-11　根的造型

（一）露根式的制作

"盆树无根如插木"，讲的就是树桩没有好的根盘，或者根盘没有裸露出来，犹如木条插在泥中一样了无生趣。

小型盆景用材多选用野生桩、苗圃桩，或通过干枝扦插来获得。根要裸露盆土上，这样才能表现出苍劲、古朴、小中见大的特点。一般新桩初植，可把根土高培，以后通过雨水冲刷，阳光暴晒，树根逐步裸露于盆土上，再通过人为调整，使根与枝干巧妙地融合在一起，成为好的露根作品。

（二）提根式的制作

提根式是以根的曲折、古怪为表现重点的一种造型形式。小型盆景中的提根式制作方法有两种：一种是通过选取野生的高露桩根制作；另一种是通过苗木制作。苗木制作方法是，早春将拟定制作的提根式苗木从盆中起出，用水冲洗干净，将一些有碍观赏的须根剪除，保留长的、有观赏价值的粗根。选用一根 8 号铝线或铜线，裹上水苔或纱布，将桩根依附在上面，根的外裸部分同样用水苔或纱布包裹起来，用绳捆扎固定，然后按造型需要弯曲铝线，达到造型要求。用高培土的方法进行培育，成活后置强阳下，通过暴晒、冲洗，使裸根增粗、变硬，两年后抽去铝线，露出裸根，再进行细致的造型，即可制作成一款很好的提根式作品。

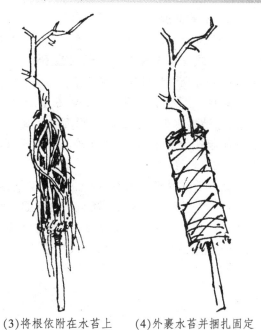

（3）将根依附在水苔上　　（4）外裹水苔并捆扎固定

（5）弯曲铝线进行造型　　（6）高培土培植

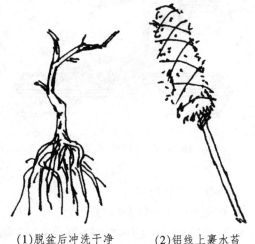

（1）脱盆后冲洗干净　　（2）铝线上裹水苔

（7）成型作品

图 2-12　用苗木制作提根式

二、干的造型

(一)直干式的制作

直干式是指干身直立生长的造型形式,直干式可分为高干形和矮干形。

高直干形易于表现中直、正气、顶天立地的态势,造型以孤高、飘逸、洒脱为主。高直干的制作起托位置较高,一般在桩高 2/3 处出重点枝,枝形轻灵、飘逸。

矮直干形易于表现刚直、浩然之正气,给人一种厚重、沉稳的感觉。矮直干制作是一种大树相的造型,出枝位置较矮,一般在桩高的 1/3 处出第一枝,枝多、繁茂,枝线平直横展,势态平和。

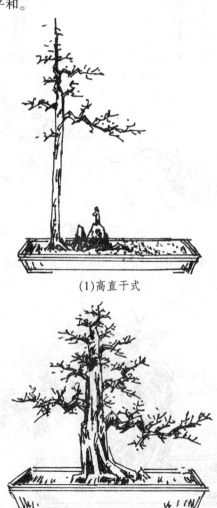

(1)高直干式

(2)矮直干式

图 2-13　直干式造型

(二)斜干式的制作

斜干式是指干身倾斜向一边生长的造型形式。

斜干式是最为常见的造型形式,能表现出灵动、活泼、潇洒的意趣。斜干式可分直斜干与曲斜干两种。直斜干一般由直干斜立而成,在造型上比直干灵活、险峻;曲斜干是由多弯的曲干斜向生长而成,配合不同的枝法可表现多种意趣。制作的要点是在斜干的反向留一拖枝,平衡重心,栽种时有意靠向盆的一边,使构图重心落在盆内。

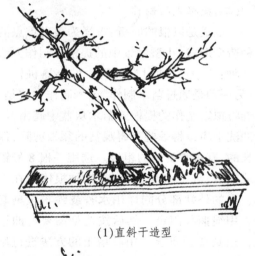

(1)直斜干造型

(2)曲斜干造型

图 2-14　斜干式造型

(三)曲干式的制作

曲干式是指树干蟠曲的造型。

曲干式最合乎中国人"干以曲为美"的审

美习惯。曲干最容易表现优美、婀娜、风情万种的姿态,在选桩时,曲干形是多数人的首选桩。

曲干形可分软弯曲干、硬角弯曲干、软硬弯结合曲干三种。软弯曲干造型可采用金属丝缠绕法获得,其树相较为优美、妩媚;硬角弯曲干可采用剪的方法获得,树相稍带阳刚之气,有如"带刺玫瑰";软硬弯结合曲干可采用剪扎相结合的方法获得,树相刚柔相济。

(3)软硬角弯结合曲干

图 2-15　曲干式造型

(1)软弯曲干

(四)双干式的制作

双干式是指同一品种中一大一小、一高一矮,或一直一斜的造型。

双干要求:各自有独立的根系,同头并在泥面上能分出双干的为上品;同头但头干部在泥面 10 厘米以下位置分出双干的为下品。

双干式的制作可通过实生苗在第二年剪断主根,改植换土时选定芽位,在干的基部剪除,重新萌芽后选留一强一弱两芽培育而成。

双干式的造型适宜表现爷孙、父子、夫妻、兄弟、姐妹的亲情关系。"携雏弄语"、"相对依依"这一类的意境是双干造型最适宜塑造的。

(2)硬角弯曲干

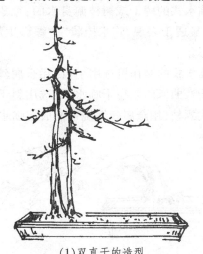

(1)双直干的造型

(2)一直一斜的造型

(3)双斜干的造型

图2-16　双干式造型

（五）临水式的制作

临水式是指干、枝俯身水面(意象中的空间)的造型。

临水式的树干或树枝俯身水面,意象生动自然,最适于表现"临水梳妆"、"顾影生辉"的艺术形象。

临水式的制作可选用小苗。用金属丝缠绕法使干弯曲倾斜获得干临水式;选用斜干小苗中的大飘枝,用金属丝缠绕弯曲成枝临水式。

(1)树干临水

(2)树枝临水

图2-17　临水式的造型

（六）悬崖式的制作

悬崖式是指树的干身倒挂下垂生长的造型。

悬崖干的尾梢超过盆底的叫作大悬崖式,干的尾梢不超过盆底的叫小悬崖式。悬崖式是盆景造型中难度最高,造型最为险峻的形式之一。悬崖式的造型最能表现顽强、拼搏的意境,是大众喜爱的一种造型。根据干的形状、多少,细分为双干悬崖、捞月式悬崖、倒挂抬头式悬崖、孤峰秃顶悬崖、探枝悬崖。

悬崖式的制作可选用野生桩,也可用小苗培育。悬挂下垂的干段可选用主根稍长,一边侧根特别发达的小苗,通过缠绕金属丝调矫的方法获得任意形状。

(1)小悬崖式

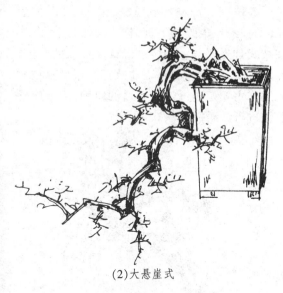

(2)大悬崖式

(5)倒挂抬头式悬崖

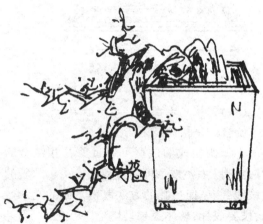

(3)双干悬崖

(6)孤峰秃顶悬崖

(4)捞月式悬崖

(7)探枝悬崖

图 2-18　悬崖式的制作

三、枝的造型

(一)逆风式造型

逆风式是指树干逆风而立,树枝却顺风而去。表现形式是枝托被劲风吹向一边,而树干却迎风而立,充满对抗、搏击之意。

逆风式造型多选用斜干小苗,通过缠绕金属丝调矫的方法获得。造型的要点是偏冠、偏根,枝线流向统一。

垂枝式的造型特点是,树干、大枝向上生长,幼枝细长成弧线下垂,整体排列有序。制作垂枝式首先要选一些枝条细长、柔软的树种,如观音柳、垂梅、火棘、福建茶等。小型垂枝式的制作主要是通过选取合适的树种,用金属丝缠绕进行调矫的方法获得。

图 2-21　垂枝式造型

图 2-19　逆风式造型

(二)顺风式造型

顺风式是指树干顺着风势,枝、叶倾向一边,方向一致。造型的特点同样是偏冠、偏根。

顺风式造型与逆风式基本相同,主要区别在于树干的顺与逆,选用斜干小苗,采用金属丝缠绕调矫方法获得。

(四)俯枝式造型

俯枝式是指树枝下俯的造型。

小型俯枝式的造型可通过剪扎相结合的方法获得。主要枝条可通过剪的方法求取硬的主枝线,侧枝通过扎的方法取得下俯的艺术效果,枝要成片,整体效果呈塔形。

图 2-20　顺风式造型

(三)垂枝式造型

垂枝式是指树的枝条全部下垂,有如杨柳般妩媚多姿。

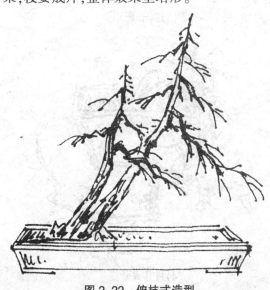

图 2-22　俯枝式造型

四、其他造型技艺

前面所讲的各种造型,是将树木的根、干、枝通过蟠扎、修剪等技艺制成各种款式,其他造型讲的是树木与枯木或山石等组合制作成的盆景。

(一)贴木式

1. 有的树木盆景枝、叶、花比较好,但树干较细不够韵味,在树干前配置一块大小、形态、色泽和树木相协调的枯木,使盆景更显典雅优美,欣赏价值更高,见图2-23。

(1)贴木前树相

(2)贴木后树相

图 2-23 贴木式盆景的制作之一

2. 下面这株地柏的两个主枝一上一下,呈白鹤亮翅状,中间空隙太大感到不美,挑选一块大小、色泽、纹理和地柏协调的枯木,将枯木埋入盆土中的地柏前,将地柏枝叶调整,即成"枯荣与共"贴木式盆景,见图2-24。

(1)贴木前树相

(2)贴木后树相

图 2-24 贴木式盆景制作之二枯荣与共(地柏)

(二)附石式

近些年来附石盆景发展很快,已出现多种款式。在众多的款式中,以抱石式和傍石式最为多见。

1. 抱石式。树根从山石两面、三面或四面抱住山石，方称抱石式。多数抱石式盆景，将树干基部置于山石顶部，树根从山石顶部伸入盆土，也有树根从山石上 1/3 或 2/3 处将山石抱住的,下图树根从山石上部抱住山石。

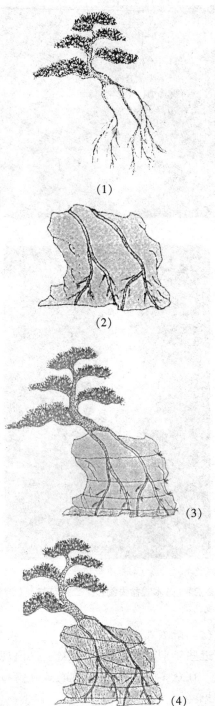

(1)

(2)

(3)

(4)

(5)

(6)

图 2-25　抱石式盆景的制作

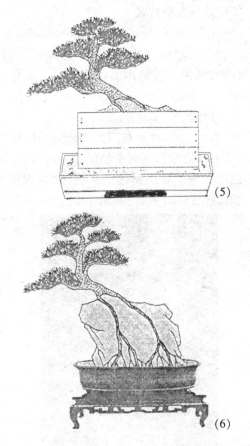

(1)选一棵有三个长根的松树。(2)根据松树根的长短挑选一块有一定姿色且大小适宜的山石,在山石正面凿出两条沟槽,背面凿出 1 条沟槽。(3)将树根植入山石沟槽中,用绳加以固定。(4)用草席把树根包裹好,再用金属丝加以固定。(5)将松树与山石一起栽入事先准备好的盆钵中, 在盆面放置一个由三层木板组成的木箱,树根和山石少部分露出木箱,用培养土将木箱填平;(6)三层木板的去除时间视松树生长的快慢而定,在南方需 18~24 个月可去除完;在北方(如北京),一年之内也只有 5 个月左右生长期,若把三层木板去除,需 36 个月左右的时间。春季把木板去除完后, 把松树和山石一起移入事先准备好的大小、深浅适宜的椭圆形紫砂盆中,用培养土栽种好,再配一做工精细、大小适宜的几架,即成图 2-25(6)的形状。

图 2-26 抱石式（南洋杉 沙积石）王琼培作
（获第 6 届海峡两岸花博会铜奖）

2. 傍石式。有的树木盆景枝叶繁茂，但树干较细，如能挑选一块大小、形态、色泽适宜的山石放置树干旁，对提高盆景的观赏价值具有很好的衬托作用，图 2-27 柽柳盆景就是这样一件傍石式作品。

（1）配石前的柽柳盆景

（2）配石后的柽柳盆景

图 2-27 傍石式盆景 马文其作

第三节 观花类小型盆景的制作与赏析

中国有"世界园林之母"的美誉，是世界上花卉种类最多的国家，早在 7000 年前我国人民就开始栽种花卉了。

随着我国经济的快速发展，大众生活水平和精神需求的不断提高，人们已不仅仅满足欣赏花卉的自然美了，而对自然美与艺术美融为一体的观花盆景更为喜欢。我国地域辽阔，南方与北方、沿海与内地的气候条件有较大差异。本节所介绍的观花类树木盆景中的树木，为我国人民栽培比较广泛、适应性较强的树种。

一、梅花盆景

（一）植物学知识

梅花，别名有春梅、干枝梅等，为落叶乔木。树干灰褐色或褐色；小枝细长，多为绿色；单叶片生，边缘有锯齿；自然花期 2~3 月，常见的花色有白、红、粉红、淡绿等。

梅花在我国已有 3000 余年的历史，现各

地都有栽培,人们称其为花魁。

梅花喜阳光充足、温暖而又略潮湿,且通风良好的环境。梅花有一定耐寒性,北京地区地栽的梅树可在野外越冬,盆栽梅树应移入低温室内越冬。梅花在疏松、肥沃、富含腐殖质、排水良好的中性或微酸性土壤中生长良好。

(二)盆景制作

制作梅花盆景,多选用4~5年或更长树龄的梅桩树木。用有较长树龄梅桩作盆景,成型快,而且制成的盆景有较深的韵味。明代陈仁锡在《潜确类书》中曰:"梅有四贵:贵'稀'不贵'繁',贵'老'不贵'嫩',贵'瘦'不贵'肥',贵'合'不贵'开'"。

(1)春季由花市购买开过花的梅花树桩

(2)根据立意构图,用疏松肥沃的培养土把梅桩栽种到圆形紫砂盆中,修剪、蟠扎后的树相

(3)精心莳养,翌年春季开花时的树相

图2-28 梅桩盆景的制作过程

(三)作品赏析

1. 赏美人梅盆景"铁骨丹心"

图2-29 铁骨丹心(美人梅) 马文其作

梅树根似龙爪,有力地扎入盆土中,树干向左侧弯曲不长分为右、中、左3个枝,3枝多数细枝都不同程度地向左弯曲,少数几个细枝伸向右侧,使景物重心达到视觉上的均衡。

梅树根、干、枝都呈黑褐色,似钢筋铁骨,枝上盛开圆形红花,花蕊比花瓣更红,微风吹拂,清香远溢,朵朵舞动着的红花让人百看不厌。

2. 赏梅花盆景"冰雪玉骨"

图 2-30　冰雪玉骨（梅花）　马文其作

清代道光年间进士、礼部主事、博学而负才气的龚自珍，在《病梅馆记》中曰：梅以曲为美，直则无姿；以欹为美，正则无景；以疏为美，密则无态。

"冰雪玉骨"梅花盆景充分反映了这一艺术美的要求。梅树干出盆土不高就向右侧倾斜，然后一个急转弯又伸向左上方，再后分成几个枝，主枝不长，弯曲成硬角，多数枝呈横斜状，由此可见创作者修剪的功夫。白色的花蕾和花朵在黑色背景的衬托下，更加洁白如冰雪，故题名"冰雪玉骨"。

梅花为我国十大名花之首，被誉为"花魁"。它不畏严寒，傲雪凌霜，自古以来就是刚正、纯洁、高雅的象征。梅花盆景以干枝苍劲古雅、悬根露爪为佳。它繁花似锦、清香远溢、令人赞不

绝口，是中国树木盆景制作中常用树种。

二、迎春盆景

（一）植物学知识

迎春，别名金梅、金腰带、黄梅。落叶丛生灌木，枝条细长多呈拱形下垂，小枝绿色，四棱形，光滑无毛。初春先花后叶，花冠黄色，有清香，直径约 2~2.5 厘米，花期 2~4 个月，有单瓣、重瓣两种，原产我国北部、中部以及西南山区，现各地广泛栽培。

迎春喜光、耐寒、耐旱、适应性强，对土壤要求不严，但在疏松肥沃、排水良好的沙质土壤中培育为宜。迎春萌发性强，耐修剪。

（二）盆景制作

迎春枝条细长萌发性强，根据素材和创作者的喜好，可制作出多种款式的盆景。

1. "一曲笛声春意浓"迎春盆景的制作

获得一似双鹿状迎春老桩，见图 2-31 (1)。将枝条剪短，用新的培养土将双鹿状迎春栽种于形体更好的紫砂盆中，见图 2-31 (2)。新芽长出后的背面树相，见图 2-31 (3)。开花时的树相，见图 2-31 (4)。为给景物增添生活气息，在盆钵左侧摆放一吹笛白色釉陶侍女，见图 2-31 (5)。

（1）获得一棵双鹿状迎春老桩

(2)修剪后换盆钵

(3)新芽长出后的背面树相

(4)开花时的树相

(5)摆放吹笛仕女后的盆景

图2-31　一曲笛声春意浓迎春盆景的制作　马文其作

2."婀娜多姿"迎春盆景的制作

(1)从野外挖取的迎春树桩

(2)按立意构图修剪后的树相

"一曲笛声春意浓"迎春盆景,绿油油的小草长满盆面,枝条上有含苞欲放的花蕾和怒放的花朵,在冰消雪融、乍暖还寒的北方大地,给人们带来一片春意,侍女所吹优雅动听的笛声,使春意韵味更浓。

图 2-33　春风送吉祥(迎春)　马文其作

"春风送吉祥"迎春小品,树根扎入方形签筒紫砂盆土中,树干粗短而有弯曲,细长的枝条,疏密有致地伸向盆钵左侧。枝条上布满含苞待放的花蕾以及怒放的花朵,微风吹拂,花香远溢。

为了弥补盆左侧下部空虚的不足,放一有3个小花朵且间距不等的花枝,使景物上下呼应,更具欣赏性。

三、四季迎春盆景

(一)植物学知识

四季迎春,又称常春,是一种一年能多次开花的植物,因其开花时间长,受到广大花卉盆景爱好者的青睐。

四季迎春叶绿色互生,比普通迎春叶片更绿;新枝四棱形绿色;节间较密,小枝多平展;

(3)疏剪后栽入木箱中培育骨架枝

(4)经过几年蟠扎修剪培育成形后,栽入观赏盆中的树相

图 2-32　野外挖取制作的迎春桩盆景

(三)作品赏析

迎春原产我国,栽培历史悠久,古今文人墨客咏之于词章,形之于绘画比比皆是。宋代韩琦题迎春诗曰:"覆阑纤弱绿条长,带雪冲寒折嫩黄;迎得春来非自足,百花千卉共芬芳。"

迎春品质十分可贵,迎来春天而不自足,与千花万卉共吐芬芳,与梅花、水仙、山茶一起,称为"雪中四友"。

老干有竖横纹理;花形喇叭状,比普通迎春花
小得多。

(二)盆景制作

(1)

(2)

(3)

(4)

(5)

(6)

图2-34　四季迎春盆景的制作

　(1)选一有2个长枝的四季迎春苗木。(2)
将2个长枝初步制成圆形。(3)挑选一个上口
大、底部略小的红色椭圆形紫砂盆。为使花篮
柄圆度达到理想弯曲度,用粗细适宜的双股铁

丝弯成多半圆形,铁丝用布条缠绕包裹好,将四季迎春两枝条分左右缠绕在铁丝圈上。为使铁丝圈更好固定,在盆钵左右两端各插入有一定长度的小竹棍加以固定。(4)将四季迎春长枝缠绕固定在铁丝圈上后,第一次开花的景相。(5)继续培育中的花篮,把长出的新枝条也弯曲缠绕到花篮柄上。(6)培育成型的四季迎春花篮盆景。

(三)作品赏析

图 2-34(6)的四季迎春枝叶繁茂,鲜花盛开,情趣更浓,意境更深。

老人寿辰时可献上,题名"花篮献寿";在佳节或喜庆之日,在厅堂摆放四季迎春花篮,题名"喜庆花篮",可为节日增添许多喜庆的气氛。

四、花石榴盆景

(一)植物学知识

我国石榴分花石榴和果石榴两大类。花石榴按植株、叶片、花朵的大小分为一般种(普通花石榴)和矮生种。

现莳养矮生种花石榴者较多。矮生种花石榴植株矮小,多在 50 厘米以下,枝密而细,自然生长呈直立状;叶披针形,多对生,偶有簇生,绿色;花多为红色或粉红色,亦有白色。其中"月季"石榴,花红色,单瓣,夏至秋多次开花。

(二)盆景制作

(3)第四年开花时树相

(4)下部有分叉的枯木

(5)将枯木下部插入石榴树干前的盆土中,呈贴式花石榴盆景

图 2-35　花石榴盆景的制作

(1)扦插成活苗木

(2)培育一段时间的苗木

（三）作品欣赏

自古以来，描写榴花的文人墨客很多，但多着重于描写榴花的"红"，如"新枝含浅绿，晚萼带深红"、"五月榴花照眼明"。榴花为何能照眼明呢？正是缘于石榴花朵红似火。

图2-35（5）贴木花石榴盆景，众多红色花蕾含苞欲放，非常好看。欣赏石榴盆景，不但要求花朵好看，更要看其树形。贴木后的树干显得苍老挺拔，三个好似龙爪的根扎入盆土中，树木植株不高，但很显岁月，增添了盆景的观赏性。

五、月季盆景

（一）植物学知识

月季，别名月月红、四季红，干、枝和叶柄上多有倒钩皮刺。月季因品种不同，花色很多，常见的花色有纯白、浅粉、红色、杏黄、浅绿、紫红以及深红等。有的品种花有芳香，花期4～10月，也有的四季开花。我国是月季的故乡，现各地都有栽培。

月季性喜日照充足、温暖湿润、空气流通、土壤疏松肥沃、排水良好的环境。忌涝、怕旱、厌荫蔽。

（二）盆景制作

（1）月季苗木先在瓦盆中培育1～2年，培育期间根据日后造型需要对枝条进行适当修剪

（2）根据立意构图，事先选好紫砂盆、枯木，春季把已培育几年的月季栽种到适当靠盆前沿的位置精心莳养，部分花开后进行适当修剪，叶片少些花朵更突出

（3）根据事先设计，将枯木下部栽入盆土中，盆面栽种小草，即成"枯木情缘"景相

图2-36　月季盆景的制作

（三）作品赏析

赏月季盆景"枯木逢春"。

图 2-37　枯木逢春（月季、枯木）　马文其作

在有四朵月季花的圆形紫砂盆的后侧，放置一个奇异优雅的枯柏树墩，枯树墩和盛开的月季花相映成趣，形成显明对比，好似枯树遇到春天，恢复生机勃勃的生命力。整个造型布局协调、和谐，观赏性较好。

六、茉莉盆景

（一）植物学知识

茉莉花，别名有抹厉、木梨花。枝条较细长；叶对生、光滑，呈阔卵形或椭圆形；花序顶生或腋生，花 3~9 朵，花冠白色，极香，素有人间第一香美誉；花期 6~10 月。茉莉在我国南方一些省区有栽种。

茉莉是长日照植物，性喜暖、喜光、喜湿润；忌涝、怕旱、畏寒、不耐阴；茎叶生长适宜温度在 25℃以上，开花适宜温度在 30℃左右，冬季室温在 10℃左右为宜。

（二）盆景制作

茉莉干枝较细，用单株制作盆景的难度较大，盆景艺者常用双干或多干来制作盆景。

根据造型需要挑选盆栽茉莉，待盆土稍偏干，在不弄破根部土壤的情况下，将底部或四周的土去除一部分，用培养土将茉莉植株疏密有致、高低有别地栽种到事先选好的紫砂盆中，浇透水，放荫蔽处或半荫蔽处精心莳养，植株复壮后即可观赏，如图 2-38。

图 2-38　盆景小品（双干式茉莉盆景）　马琳作

（三）作品赏析

茉莉花香气浓郁，盆景爱好者将株干比较粗的茉莉经艺术加工后制成盆景，既看造型美，又闻花之香，比普通盆栽茉莉情趣更浓。

"群芳争艳"盆景由高低错落、粗细不一、疏密有致的 7 株茉莉按丛林式造型栽种于较浅的红色椭圆形紫砂盆内，盆内放置三块黄白相间的燕山石，盆下放一灰褐色几架，使景物映衬得多姿多彩，成为一件有较高欣赏价值的茉莉盆景。

茉莉盆景的制作，只要挑选好植株，制作得法，精心莳养，即能培育出极具观赏价值的盆景。

图2-39　群芳争艳（丛林式茉莉盆景）　马琳作

七、春花盆景

（一）植物学知识

春花，别名有白杏花、报春花、车轮梅。有大叶、圆叶、柳叶、厚叶之分。制作盆景以圆叶、柳叶的小灌木变种为好。花瓣白色而染粉红；花心橙红；果球形，紫黑色，略带白粉；花期2~3个月。

喜温暖湿润气候，宜生于微酸性沙壤土中，耐干旱瘠薄。

（二）盆景制作

春花繁殖以播种为主，当年采集种子，晒干后优选保存，第二年早春播种，成苗率极高。

春花小型盆景的制作可挖取野生桩。春花多呈直根，侧根须根较少，较大树移植成活率低，花期或花后采挖成活率更低。春花的采挖以冬至后大寒前为好。只要在合适时间，选取在浅土层生长的，侧根发达的苗木，成活率可达9成以上。

春花喜肥喜水，在生长期可进行大肥大水

管理，当年8月按造型需要进行疏枝定托，适时抹芽，一般2~3年可成型。

春花为岭南观花、观骨架的常用树种。要想达到最佳观花效果，每年大暑节气后进行一次全面重剪、摘叶，抹芽后适当控水控肥，促使新枝间节短密，12月左右可见花蕾。适当增施磷钾肥可使花蕾饱满壮大，2月中下旬繁花似锦、如火如荼。春花开花时间统一，保花时间不长，一般6天左右凋谢，应抓紧时间观赏。花后重剪，恢复常规管理。

（1）采挖的野生小桩

（2）适当修剪

(3)上观赏盆的倒挂抬头式造型

图 2-40 春花盆景的制作

(三)作品赏析

图 2-41 争春（春花）陈金璞作

陈金璞先生的春花盆景"争春"，作者选用双株直干小苗的春花桩，短截后有意横种，通过蓄枝使顶干曲折有致，收尖畅顺，最后配一马蹄形观赏盆，裸露根系，增强沧桑之感。但见繁花点点、红白相间，神清气爽。作者在桩、盆、架三者上下足功夫，把作品的清秀、疏朗、儒雅之风表露无遗。

八、六月雪盆景

(一)植物学知识

六月雪，别名满天星、白马骨，常绿灌木。根系发达、蟠曲；叶小、革质，萌芽力强，耐修剪；花小，白色，生于叶腋，是制作小型盆景的上好树种。原产我国长江流域以南省份，现各地多为园艺品种。

习性喜光，耐荫耐贫瘠。喜温暖气候但也稍耐寒冷。喜排水性良好、肥沃、疏松的土壤。夏季、早秋应放半荫半阳湿润场所，冬季应置8℃左右室内越冬。

(二)盆景制作

繁殖方法主要有扦插、分株。扦插可在每年的 6~8 月进行，选取长 7~10 厘米当年生嫩枝，剪去下部叶片，保留顶端 3~4 叶，插入素沙土的浅盆中，喷透水，置于荫棚下，保持湿润，20~30 天即可生根，分株，春秋两季，可随时或结合换盆进行。六月雪萌发力强，每年需进行多次修剪。

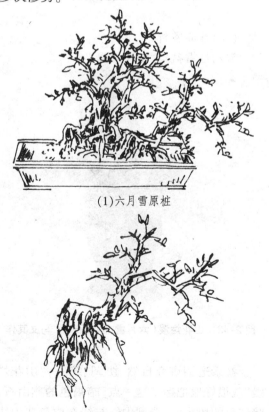

(1)六月雪原桩

(2)分株

(3)剪根、剪枝

(4)扎线、调矫为悬崖造型

图2-42　六月雪盆景的制作

(三)作品赏析

赏六月雪盆景"山花烂漫"

图2-43　山花烂漫（六月雪、燕山石）　马文其作

盆景造型讲究自然、协调、统一，"山花烂漫"就很好地把握了这一点。暗褐色的燕山石，暗红色的树头盆，造型中红与绿在白色花中协

调统一。风吹过后，清香阵阵，沁人心脾。自然、野趣、不拘章法，是该作品成功的地方。

九、三角梅盆景

(一)植物学知识

三角梅，别名毛宝巾、九重葛、叶子花、勒杜鹃，常绿藤本或小灌木。叶倒卵形；花有紫、黄、红、白等色，花期较长，养护得法可达3个月之久。三角梅以紫花和红花为常见，绚丽鲜艳，近年也多见各类不同颜色的园艺品种。

三角梅性喜高温、高湿，耐旱涝，怕冷、贪肥、生长速度快，木质松脆。日照时间过长则开花少或不开花。

(二)盆景制作

三角梅的桩材，可用扦插法繁殖。将每年春末夏初修剪下的老枝进行盆插，成活率高，经两年造型即是制作小盆景的好材料。

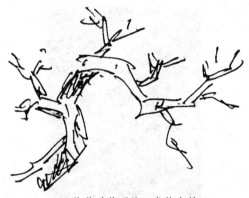

(1)修剪时剪下的三角梅老枝

(2)用干净河沙扦插

枝条生长放慢,有利花蕾的形成。9 月初即恢复正常浇水。(5)从 7 月中旬短日照开始,每日下午 16 时 30 分用布把大棚遮盖严密,到第二天上午 8 时 30 分左右把遮盖布打开,使三角梅接受日光照射。必须严格执行,否则前功尽弃,一般经过 60 天左右短日照处理即可达到所需效果。

（三）作品赏析

赏三角梅盆景"浪子回头"

图 2-45　浪子回头（三角梅）　张绍宽作

张绍宽作三角梅小品"浪子回头",着重于造型中的势态。作品根头左拖,干身右展后大回环左顾,一树繁花在绿叶的映衬下如火如荼,云蒸霞蔚,好不喜人。

十、杜鹃花盆景

（一）植物学知识

杜鹃花,别名映山红、满山红,原产我国西南及日本。杜鹃花在不同的环境中,形态特征等有较大差异,有常绿、半常绿、落叶之分,又有乔木、灌木之别。喜荫凉、湿润、通风良好环境,忌烈日暴晒,不耐寒冷,在酸性土壤中生长良好。忌排水不良的碱土、粘质土。

（二）盆景制作

繁殖方法主要是扦插、高压。扦插在每年 4~5 月,选取茎部木质化的粗壮枝条,剪成 5 厘米长作插条,保留顶部 2~3 叶,插入装有红沙土、椰糠、泥碳土为 5:3:2 的浅盆中,插条入

(3)成活后适时修剪造型

(4)上观赏盆的小悬崖式造型

图 2-44　三角梅盆景的制作

在北京地区,为使三角梅在国庆节期间达到好的观赏效果,在 7 月就要对三角梅进行短日照处理。所谓短日照处理,即每日光照时间约 8 小时,具体操作方法如下:

(1)根据三角梅盆景大小、盆数,用木材或金属材料搭一个大小、高低适宜的棚子骨架。

(2)用有一定厚度大块黑色塑料布或大块遮雨帆布,把棚子遮盖严密,使棚内不透一丝光线。

(3)7 月中旬将三角梅盆景进行全面修剪或蟠扎后放入短日照大棚内,每周施一次腐熟稀薄有机肥,两周施一次 0.2% 磷酸二氢钾液肥。

(4)在短日照的前半期适当控水,使盆土偏干,

土 2~3 厘米，淋透水后置于荫棚下，保持盆土湿润，30~40 天后可发新根。高压可在 3~4 月选取 2~3 年生枝条进行。

（1）用高压法从母本中获取小桩

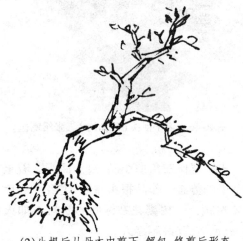

（2）生根后从母本中剪下，解包、修剪后形态

（3）蟠扎调矫后上盆的临水式造型

图 2-46　杜鹃花盆景的制作

（三）作品赏析

赏杜鹃小品"姹紫嫣红"

图 2-47　姹紫嫣红（杜鹃）　吴多贵作

该作品属一大树多干造型，树相雄浑、厚重，配盆稳重大方。黑矮几、白釉盆、褐色干身与紫色花搭配，鲜明、艳丽、统一。杜鹃是以赏花为主的树种，野生桩经盆养后一般容易失枝、花少，树形较散；但这株由野生杜鹃老桩经多年截蓄制作成的盆景，树干密结，枝形紧凑，繁花似锦、姹紫嫣红，可见作者在杜鹃的栽培、造型、养护方面有过人之处。

十一、金银花盆景

（一）植物学知识

金银花，别名双花、忍冬花等，为常用中药，以未开放的花蕾和藤叶入药。金银花喜温暖湿润、阳光充足的气候，适应性很强，对土壤要求不严，耐寒、耐旱、耐涝，全国各地均有分布。花 4 月开放，一般是一蒂双花，刚开花的时候，颜色是象牙白，两三天后变为金黄色，这样新旧相参，黄白互映，所以得名金银花。

（二）盆景制作

金银花繁殖主要是播种、分蘖、扦插。小型盆景的用材可野外挖取，初春时，到野外挖取根干粗健的老桩头，上盆种植，成活率极高。

(1)野外挖取的金银花老桩头

(2)截去主干,反转背面作主观赏面的桩相

(3)最后上观赏盆的成型设计树相

图 2-48　金银花盆景的制作

(三)作品欣赏

赏金银花盆景"堆金叠翠"

图 2-49　堆金叠翠(金银花)　冯尊南作

金银花是多年生藤本植物，枝条柔软、间节长，要制作成紧身的有花可赏的盆景难度较高。首先要经过 3~5 年的蓄枝将作品的骨架枝培育好，再通过剪枝、控芽、摘心、控水、施肥，才能使作品枝多叶密、花蕾紧凑。

"堆金叠翠"的作者很好把握了金银花的栽培管理要点。作品扭筋转骨、枝繁叶茂，给人一种旺盛的生命力之感。

十二、云南黄素馨盆景

(一)植物学知识

云南黄素馨，别名云南迎春，常绿藤状灌木。小枝细长；叶对生；花单生、淡黄色，花瓣6~7 枚，花朵直径 3.5 厘米左右，有香味，花期3~4 月，蒔养得好，可连续开花 2~3 月。原产我国云南，现各地均有栽培。

云南黄素馨喜温暖、湿润、向阳的环境。稍耐阴，畏严寒，在疏松肥沃、富含腐殖质的微酸性沙质土壤中生长良好。萌蘖力强、耐修剪。

(二)盆景制作

(1)购云南黄素馨苗木一棵。(2)根据云南黄素馨枝条柔软细长特点立意作垂枝式盆景。将植株从瓦盆中扣出,用培养土栽种到六角形紫砂签筒盆中,用金属丝将干枝进行蟠扎、固定。(3)莳养一段时间,树相固定后拆除蟠扎的金属丝,再继续精心养护一段时间。(4)云南黄素馨花开后,因树干较细而不美,在树干后放置一块大小适宜、色泽纹理优美的白灵壁石,在大块山石基部前面再放置两块较小的白灵壁石,在盆下部放一木材片状托,即成图2-50(4)的景相。

(三)作品赏析

图2-50(4)云南黄素馨开花较早,可称为新春佳卉。冬季、初春笔者在封闭向南的阳台上莳养云南黄素馨,日平均温度在13℃左右。每年12月中旬第一朵黄花开放,到1月中旬进入盛花期,可持续40天左右,然后花朵逐渐减少。

在冰天雪地的北方冬季见到盛开的花朵,还持续这么长时间是难能可贵的,尤其在每年新春佳节期间见到怒放的花朵感到吉祥(春节大部分在每年2月份)。"花瀑"盆景,花朵从山石顶部向左侧倾斜而下,有一泻千里之势,越向下花朵越多,好似水瀑激起千层浪,使人感到优雅绚丽,美不胜收。

(2)

(3)

(1)

(4)

图2-50 云南黄素馨盆景的制作

第四节　观果类小型盆景的制作与赏析

一、火棘盆景

(一)植物学知识

火棘,别名火把果、救军粮。侧枝短刺状;叶倒卵形;花直径 1 厘米,白色,花期 3~4 月;果近球形,直径 8~10 毫米,成穗状,桔红色至深红色,深受人们喜爱。9 月底开始变红,一直可保持到春节,是一种极好的春季看花、冬季观果植物,分布于我国黄河以南及广大西南地区。火棘喜温暖湿润、通风良好的环境,喜强光,耐贫瘠、干旱。黄河以南露地种植,华北需盆栽,可在塑料棚或低温温室越冬,温度可至 0℃~5℃。

(二)盆景制作

火棘桩材多从野外挖取,亦可用播种、扦插法繁殖。

(3)瓦盆培育造型

(4)完成骨架培育后上观赏盆

图 2-51　火棘盆景的制作

(1)野外挖取的火棘桩材

(三)作品赏析

赏胡平春先生制作的"红果满树"盆景

(2)初步剪截

图 2-52　红果满树(火棘)　胡平春作

作品根爪劲健，树干曲折有致，布托合理，构图大方稳重。左第一托飘枝有临水韵味，得稳中求险变化大势；右第一托与之互补并相呼应，下留大片空间，左密右疏，左争右让，使构图虚实相生，灵动活泼。一树红果挂满枝头，配用阔口圆盆，两者相得益彰，实属盆景佳作。

二、山楂盆景

(一)植物学知识

山楂，别名红果、山里红，为浅根系落叶乔木。主根不发达，根系再生能力强，适宜盆栽。山楂喜光、稍耐阴、耐寒、耐干燥、耐瘠薄土壤，但在中性或微酸性较肥沃、排水好的土壤中生长良好。花白色，伞房花序，花期 5 月；果近球形，深红色，有白色斑点，味酸，可食，也可入药，果熟期 10 月，果实营养丰富，维生素 C 和钙含量较高。山楂原产我国华北、东北地区，现有广泛栽培。

(二)盆景制作

制作山楂小型盆景常用其变种灌木类的野山楂。每年春天可到花卉盆景市场购买有几年树龄，并有一定姿色的盆栽山楂苗木，立意后进行修剪，用培养土栽种到观赏盆中进行培育造型。有条件的地区，春季可到野外挖取有一定造型的山楂小树桩。

(3)在瓦盆中培育骨架造型

(4)上观赏盆后挂果摘叶后树相

图 2-53　山楂盆景的制作

(三)作品赏析

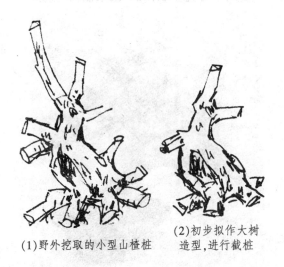

(1)野外挖取的小型山楂桩

(2)初步拟作大树造型，进行截桩

图 2-54　朝霞(山楂)　张尊中作

这是张尊中先生制作的山楂盆景"朝霞"。创作者选取山楂老桩,采用蓄枝截干的方法,锯掉主干,起用侧枝作主干来矮化桩形,强旺树相。经精心培育,绿叶成荫,红果累累,使人口舌生津。果树盆景注重的是果,但能做到有桩形、有树相、有众多果实属不易。张尊中先生的这件果树盆景,一树红果如火如荼,是难得的上乘佳作。

三、苹果盆景

(一)植物学知识

苹果,别名有柰、频婆等,蔷薇科为多年生落叶乔木。叶椭圆形,边缘有锯齿;花冠白色,花期 4~5 月;果期 7~11 月,果实通常淡绿色、黄色、粉红色等。

苹果是全世界栽培地区最广、产量最多的果树之一,它和葡萄、柑桔、香蕉并列为世界四大水果。

苹果是温带果树,喜阳光充足。光照不足时枝条徒长,花芽不饱满,座果率低。苹果耐寒力较强,不耐湿热。在疏松、排水好的沙质土壤中生长良好。

(二)盆景制作

制作苹果盆景的素材获得有两种途径:

其一,到花卉盆景市场购买有 3 年左右树龄的苹果苗木,在培养期间进行加工造型。

其二,用嫁接的方法获得制作盆景的素材,成活后再进行加工造型,嫁接技艺要求高。

(2)栽入泥盆后待嫁接的桩头

(3)清明时节进行截枝嫁接

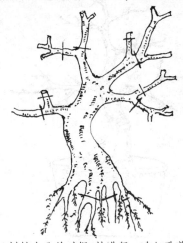

(1)树桩上盆前对根、枝进行一次细致剪截

(4)树桩萌芽后及时除去砧木的萌蘖

(5)接枝新梢长到30厘米左右及时摘心和吊枝

(1)待嫁接的三年生矮化砧木

(6)第二年冬季进行整形修剪后的树相

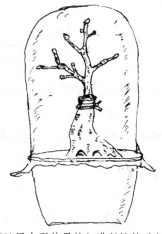

(2)用中型结果枝组进行嫁接后加
塑料罩,嫁接成活后去罩

(7)第三年春更换观赏盆,当年结果后树相

图2-55 苹果盆景枝接法

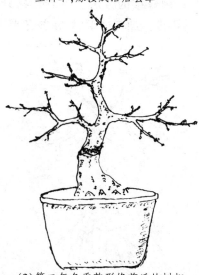

(3)第二年冬季整形修剪后的树相

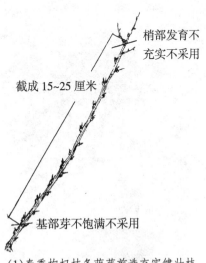

（4）第三年春季更换观赏盆，夏季结果后的树相

图2-56 苹果盆景的干接法

难度大，但制成的盆景经济价值和欣赏价值较高。北京地区常采用抗寒、抗病虫害较强的山荆子、八棱海棠等与苹果亲合力强的树木为贴木。近年来不少地区亦发现一些较好矮化砧，如山东省崂山奈子等。苹果树的嫁接分枝接法和干接法两种。

（三）作品赏析

赏苹果盆景"硕之恋"

创作者给苹果盆景题名为"硕之恋"，笔者

图2-57 硕之恋（苹果）王小波作 张尊中供稿

猜测，创作者通过题名要表达两个意思：其一，该景树木不大，结的果实却大而多，共有8个苹果，可谓硕果累累。其二，其中有六个苹果紧贴树干，不愿远离，表达了一种依恋之情。

中国盆景与外国盆景最大不同之处在于：中国盆景要有贴切的题名，以表达创作者的情感；外国盆景无题名，他们认为盆景就是一棵树，长的旺盛、好看就行了。

四、枸杞盆景

（一）植物学知识

枸杞，别名枸杞菜、枸杞子、苦杞、枸棘等，落叶小灌木。枝条细长、柔软，呈弯曲下垂，有棘刺；花期5~9月，果实呈浆果卵圆或长椭圆形，成熟后有深红色、橙红色或鲜黄色3种。

枸杞喜阳光，耐阴，在光照不足处开花少。喜温暖，也较耐寒、耐旱，忌粘质土壤和低洼湿地。在富含腐殖质、比较肥沃、排水好的沙质土壤中生长良好。全国各地均有野生，西北地区栽培较多。

（二）盆景制作

制作枸杞盆景的素材，一是到花卉盆景市场购买一定形态和树龄的苗木；二是通过人工繁殖。最常用的方法是压条繁殖，另外还可用播种和扦插繁殖。

梢部发育不
充实不采用

截成15~25厘米

基部芽不饱满不采用

（1）春季枸杞枝条萌芽前选充实健壮枝条，截成15~25厘米的枝段

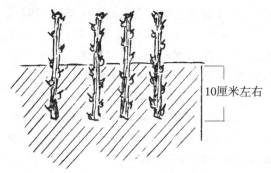

(2)扦插入土壤内10厘米左右

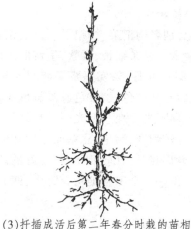

(3)扦插成活后第二年春分时栽的苗相

图2-58　枸杞休眠枝扦插繁殖法

（三）作品赏析

赏枸杞盆景"红果满树"。

图2-59　红果满树（枸杞）杨积德作　胡平春供稿

枸杞根干虬曲多姿,花萼绿色,花冠紫色,非常好看。花后约1个月果实成熟,果熟后缀满枝头而下垂,呈深红色或橘红色,具有较高的观赏性。枸杞枝条一般比较长,若莳养的枝不长而花繁果多,说明培育者具有很高的养护造型技艺。

五、柠檬盆景

（一）植物学知识

柠檬,别名黎檬,常绿小乔木或枝条开展的灌木。原产马来西亚,我国四川、广东、广西及东南沿海地区有栽培。幼叶带明显的红色,以后渐变绿;花大,芳香,单生或成簇腋生;花蕾带红色,花瓣上部白色,下部红紫色;果实卵圆形,成熟时黄色,可供制作饮料及香料;根全年可采;果实在秋冬采摘。因柠檬是好的香料,故书房、公共场所常有放置,代替香薰。

（二）盆景制作

（1）柠檬小型盆景的桩材多采用高压法获取,如果高压时用土较多,新根壮旺,第二年即可挂果观赏。

（2）到花卉盆景市场购买自己喜欢的植株,等盆土稍干后,将植株小心地从泥盆中扣出。注意根部土壤不要弄破,栽种到事先准备好的大小、样式、色泽适宜的紫砂盆或釉陶盆中。

图2-60为"一个好"柠檬小型盆景的制作过程。

（1）从母本上剪下高压的桩材

有一个黄色较大果实的柠檬植株，经过精心构图，修剪后，精心养护，叶绿果黄，和略带弯曲的千层石相映成趣，具有较高艺术价值。

(2)摘除果子,保留少量新叶

(3)修剪、蟠扎后树相

(4)上观赏盆的倒挂抬头式造型

图2-60 柠檬盆景的制作

(三)作品赏析

图2-61题名"一个好"柠檬小盆景,作品立意高雅、主题鲜明,具有强烈的时代特征,把国策性的计划生育政策"只生一个好"表现的淋漓尽致。创作者挑选株形较矮、树干较粗,结

(1)已栽种到观赏盆中的柠檬

(2)树干前放置千层石后的景象

图2-61 一个好(柠檬 千层石) 吕艺作

六、果石榴盆景

（一）植物学知识

石榴，别名有安石榴、若榴、丹若等，为落叶灌木或小乔木。小枝柔软，有的枝上有刺；叶对生，多呈长椭圆形；花色有红、粉红、白等色，花期 5~7 月，花后结实，果实 9~10 月成熟，挂果时间较长，有的可到翌年春天。

石榴喜光、耐寒、耐旱、萌发力强，对土壤要求不严，但在疏松肥沃（磷钾肥多些）、排水好的沙质土壤中生长良好。

（二）盆景制作

制作果石榴盆景的素材，既可人工繁殖，也可到花卉盆景市场购买有多年树龄的石榴树桩。人工繁殖便捷的方法就是扦插，春季修剪时把剪下较粗的枝条修剪后扦插，成活率较高，见下图几款盆景的制作。

（2）用扦插苗制成盆景

图 2-62　果石榴盆景　马莉作

（1）扦插成活的果石榴苗木

（1）花朵初放时树相

多，但因树干较细，欣赏性欠佳。找一个形态比较奇特，与石榴树皮近似，比石榴树干略长的枯木。将枯木下端紧贴石榴树干埋入盆土中，枯木上部干枝伸入石榴树冠中，两者浑然形成一体，相辅相成，使盆景更具观赏性。五个果实近大远小，右上方只有一个果实，体量最小，这样的布局更符合人们的欣赏习惯。因树干苍老又结有多个果实，也可题名"老蚌生珠"，以示旺盛的生命力。

七、冬红果盆景

(一)植物学知识

冬红果，别名长寿果。叶片椭圆形，绿色；春季开花，花浅粉红色；花后结果，开始为绿色，以后逐渐呈黄色，秋季成熟后为鲜红色，表皮光滑，果实呈球形，经冬不脱落，可在树上挂果到翌年 2~3 月，因此受到人们的喜爱。果实挂树时间长，会消耗树木的营养，影响第二年开花、结果。

(二)盆景制作

制作冬红果盆景素材，常用嫁接的方法获得。用山荆子、海棠、苹果的实生苗为砧木，培育 2~3 年后的 3~4 月进行枝接；另一种嫁接方法为干接法。

(2)坐果后的树相

(3)贴木后成"相辅相成"盆景

图 2-63 相辅相成盆景的制作 马文其作

(三)作品赏析

图 2-63(3)"相辅相成"贴木式石榴盆景，树干较细，结有 5 个大小不一的石榴。果实虽

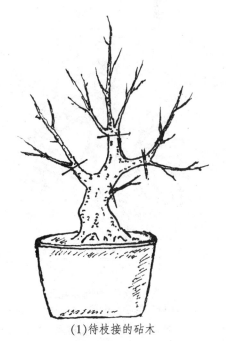

(1)待枝接的砧木

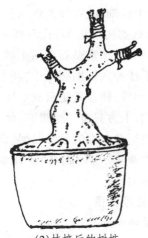

(2)枝接后的树桩

(1)待干接的砧木

(2)干接后的树桩

(3)嫁接成活后第二年树相

(3)嫁接成活后的树相

(4)三年后上观赏盆树相

图 2-64　冬红果枝接法

(4)第四年换观赏盆后树相

图 2-65　冬红果干接法

（三）作品欣赏

赏张尊中先生"累累硕果"盆景

图2-66 累累硕果

冬红果为苹果的一个品种，春季淡粉色花朵开满枝头；夏季叶片翠绿，果实淡黄色。张尊中先生的这件盆景为冬景的景象，红色的果实挂满枝头，枝条呈悬崖式，给人一种苍桑、险峻之感，方高盆钵，古色古香的几架，使整件作品特显岁月。

第五节 松柏类小型盆景制作与赏析

一、五针松盆景

（一）植物学知识

五针松，别名五钗松、五须松、常绿乔木。幼树皮呈淡灰色，光滑；老龄时呈橙褐色，鳞片状剥落；针叶细、短、密，五针为一束，故名五针松，4~5月开花。

五针松性喜阳光充足、温和清爽的环境，忌狂风烈日、阴雨久湿。五针松盆景以微酸性、排水透气性土培育为宜。盆土需经常保持水分干湿适度，高温时节润而不涝；风干时节常向叶面及周围环境喷水，保持环境湿润。

五针松在北方地区入冬需放冷室养护，禁肥控水，保持光照充足、温度（0℃左右）平稳、通风适度，使植株安静休眠，切忌温度有较大波动。

（二）盆景制作

小型五针松盆景材料的来源可到苗圃或花卉盆景市场购买，选取有一定形态的树木，更利于造型。五针松盆景制作通常采用黑松作砧木，按照腹接法操作繁殖。五针松不宜大水大肥，盆栽的中小型植株，早春发芽前施一次稀薄有机液肥，促使冬芽萌发出针叶；入秋植株进入旺长增粗时期，白露前后可追施较浓的液肥1~2次促长，为来年打基础。根据长势每2~3年春季翻盆换土一次。生长旺盛的植株，常见土壤周围及底部有一层灰白色的薄膜状物，是为共生菌类，标志着盆栽五针松生长好坏。翻盆时注意保留一部分白膜，无白膜的可将一些带白膜的盆土掺入。

五针松盆景宜在入冬休眠期适度整形修剪，入夏新芽伸长时适度摘心，保持株姿匀称，生长健壮。

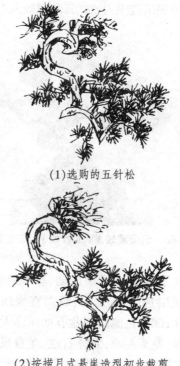

（1）选购的五针松

（2）按捞月式悬崖造型初步裁剪

(3)适当用铝丝调矫固定

(4)上观赏盆后的造型

图2-67 五针松盆景的制作

(三)作品赏析

(1)赏陈正奎先生的"云海藏蛟龙"盆景

图2-68 云海藏蛟龙（五针松） 陈正奎作

这款作品,干身卷曲扭动,蕴潜无穷力量。绿叶扶疏层迭,如云似海;纵向直线须根有如耸立水柱;深褐色阔口圆盆有如汪洋大海。

你看:龙头左顾、龙脖右逆、龙身反转上昂后龙尾左顺远去,莽莽苍苍,若隐若现,云卷云

舒,白云出岫,好一幅蛟龙戏水图。

(2)赏五针松盆景"百年好合"

图2-69 百年好合（五针松） 周月泉作
陈正奎供稿

这是一双干合植的作品。作者较好地把握了双干式造型的规律,整体树相当作单干造型进行配枝布托,枝片简洁、清疏,树相工整、稳健。采用灰褐色浅圆盆、熟褐色方阔几架,整体组合得当,较好地表现了夫妻间的依恋、相亲相爱之情。不足的是枝片布势过于工整、规范,结顶交迭不清,主、次不明显。

(3)赏五针松盆景"向往"

图2-70 向往（五针松） 马永生作 胡光生供稿

这是一临水式的造型。作品因材造型,依态取势:头根穿立、抗风搏浪;树干横飘、前探、顶稍上昂、取势开张。整体大效果:苍翠、飞动:

一往向前。配用方正厚重古盆,基础稳固、视觉均衡,实为临水式造型佳作。

二、罗汉松盆景

(一)植物学知识

罗汉松,别名罗汉杉、土杉,常绿乔木。枝干开展密生;树皮灰褐色;叶形变化较大,有大叶、小叶、短叶之分;花期在 5 月份;8~9 月份种子成熟。

罗汉松性喜温暖湿润半阴环境,耐寒性略差。在我国南方冬季,罗汉松可在背风向阳,最低气温在 0℃以上越冬;在北京地区冬季应置低温室内越冬。罗汉松怕水涝和强阳光直射,在疏松肥沃、排水好的沙质土壤中生长良好。

(二)盆景制作

罗汉松常用播种和扦插繁殖。8 月份采种后即可播种,约 10 天后发芽;扦插在春秋两季进行,春季选休眠枝,秋季选长 12~15 厘米半木质化枝,插入沙、土各半的苗床,50~60 天生根。

罗汉松是上好的盆景桩材,可制作成多种造型,叶色翠绿,南北方基本上四季可赏。

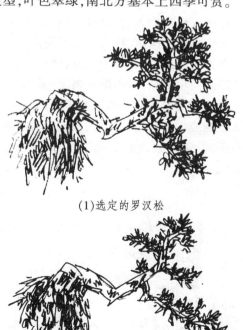

(1)选定的罗汉松

(2)初步修剪

(3)按探枝悬崖造型蟠扎

(4)上观赏盆培育后的树相

图 2-71 罗汉松盆景的制作

(三)作品赏析

(1)赏杨家祥先生的作品"轻舞之韵"

图 2-72 轻舞之韵(罗汉松) 杨家祥作

作品一反传统的造型形式,采用中国书法中的狂草态势进行夸张,树干充满对抗性的律动美。作品干身简洁轻灵,配石精微,绿叶团栾厚重,疏密对比强烈。红色长方盆、熟褐色的书卷架、绿色叶片组成亮丽色彩。作品造型统一,整体大效果,给人一种新颖、别样的震撼感。

(2)赏许明先生的罗汉松附石盆景"凌云"

图2-73 凌云(罗汉松、英石) 许明作

这是许明先生创作的附石盆景系列之一。作者选用一扦插的罗汉松小苗附在势态左昂的英石上,松根紧揽石的基底,松干卷裹而上,直达石巅后之字形横卧半空,势态夸张狂野。飘枝下留有大面积空间让人遐想;石几上置一孩童正在聚精会神地读书,不偏不倚地成为视觉注意。作品景物协调,意韵统一,再培育几年,观赏效果更佳。

三、金钱松盆景

(一)植物学知识

金钱松,别名金松、水树,落叶乔木,我国特有的珍稀树种。树干通直,塔形;树皮深褐色,深裂成鳞状;枝轮生平展;叶扁平,深秋叶转金黄色,格外绚丽;4~5月份开花;雌雄同株;球果卵形,10月下旬至11月初成熟。

金钱松属亚热带树种,适生于气候温暖湿润、较肥沃、排水良好的中性或酸性沙质土壤中。耐寒,不耐干旱,亦不适于盐碱地和长期积水区生长。

(二)盆景制作

采用播种法繁殖苗木,成熟时果鳞与种子同时脱落,当果鳞由绿转为淡黄时,即可采收。采后将果球堆放在室内,使之裂开,收取种子。种子不宜曝晒,否则将影响发芽。3月播种,发芽后,在6~8月间搭荫棚保护。当年幼苗留床1年,翌春结合间苗予以换床,换床时可剪去部分主根,促使侧根生长,根部宿土应尽量保留,以便维护菌根。

金钱松起苗移栽应多带宿土,随起随栽,保持湿润。栽植季节宜早,冬季落叶后至翌年春萌动前较好。因树性喜光,宜疏植,栽植后每年松土2~3次,培育时不宜修枝。

金钱松适宜制作丛林旱景或水旱景。合植时,主干一般不需加工,保持其固有的挺直形态,对侧枝可进行修剪或扎成下垂状。树苗多选用2~3年生的幼苗,宜有粗有细、有高有低,作主树的要较高大。金钱松单株栽植时,可选用3年生稍大的树苗,将主干进行蟠扎加工。

金钱松枝条柔软,易于弯曲,蟠扎较方便,但须注意及早拆除,否则很易陷丝,影响美观。蟠扎加工宜在春季萌芽前进行,修剪加工不论在休眠期或生长期均可进行,单株栽植可制作成直干式、斜干式或曲干式等,并可将枝叶蟠扎成"云片"状。

(1)选取拟制作丛林组合的大小不等的小苗

(2)适当剪枝、修根、蟠扎

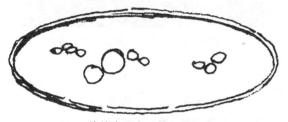

(3)植株在盆内平面组合分布

(4)组合后的成型作品

图 2-74　金钱松盆景的制作

(三)作品赏析

赵庆泉大师的"丛翠拔地"盆景,是一以实生苗组合的拼林小品。

金钱松树干硬直,枝叶长条柔软,刚柔并济,很适合制作丛林盆景。该作品整体布局分两组,左轻右重,中间为小溪相隔。每组都选用了高低态势不等的 10 多棵金钱松小苗进行组合。左面盆边留出较大空间使界面开阔;两组树相、山势布局基本相同,增了作品的厚重和装饰性;两组中的主体、客体、陪体一目了然,

图 2-75　丛翠拔地(金钱松)　赵庆泉作

整体干相疏密有致。值得注意的是两组中的外围小树,既独立又整体统一,灵动活泼、变化强劲,是作者匠心布势的焦点。

示蓝天白云、天高气清,枝枝直干"丛翠拔地"不屈不挠,临风而立。

四、马尾松盆景

(一)植物学知识

马尾松,别名山松,为亚热带树种,分布我国中南部地区。叶二针束,鲜绿色,柔软,细长;树干褐色;枝柔软,可塑性强;4 月抽穗开花,花后结果。马尾松性喜阳光直射,耐干旱贫瘠土壤,在疏松、排水良好的酸性或中性土壤中生长旺盛。

(二)盆景制作

(1)选带土壤的桩材

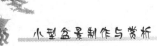

(2)根据立意适当修剪

(3)用金属丝蟠扎造型

(4)上观赏盆后树相

图2-76 马尾松盆景的制作

图2-77 层云叠翠（山松） 杨光术作 曹世卿供稿

斜干式造型。作品下身苍古，凸凹嶙峋，山松与盆钵匹配协调流畅，对比强烈，个性鲜明。针叶秀茂劲健，苍翠青葱，欣欣向荣；飘枝临水，取势左展，动感强。秀与茂、古与朴在此得到了和谐统一。

（2）许明先生的山松小品"飞龙舞凤"极具

图2-78 飞龙舞凤（山松） 许明作

书法线条的节奏韵律感。中国书法讲究线条的力度、节奏、韵律、情感表现。而真、草、篆、隶四书中，草书最讲究节奏、韵律，也最能表现个人的情感。"飞龙舞凤"盆景中山松的干、枝很好地将书法中线条的节奏韵律融和在一起，"疾如脱兔"，"势如惊蛇入草"，极具张旭"古诗四帖"狂草韵味。

制作盆景材料可用种子繁殖。当松子成熟未开裂时进行采集，晒干后选优良饱满种子保存好，第二年春播种。制作小型盆景桩材，可以到花卉盆景市场购买。每年大寒前后是最佳移植时间，根部带土壤的成活率极高。山松春芽壮旺，可通过摘心的方法平稳树势。8月份在上年生的枝上保留3~4对松针，其余剪除，可避发秋芽，这是山松选枝造型的关健。

（三）作品赏析

（1）杨光术先生的"层云选翠"山松盆景为

五、黑松盆景

(一)植物学知识

黑松,别名白芽松、鳞毛松,常绿乔木。树皮灰黑色,鳞片状开裂;叶针形,深绿色;枝条横展,树姿古雅。一般生长在海拔600米以下的荒山荒地。根系发达,耐干旱、瘠薄,对有害气体有一定抗性。喜光,适应温暖湿润的海洋性气候,但不耐水涝。除盐碱土外,对中性土、石灰性土、微酸性土均能适应。

(二)盆景制作

黑松多用种子育苗繁殖,发芽率高,苗期生长旺盛。种子在10月中下旬采收,暴晒脱粒,风选净种,袋藏过冬。春播宜早,苗圃地以土质疏松、排水良好的微酸性土为好。

野外采掘可选取生长矮小而粗壮苗,尤以石隙间生长的小老树桩最好。采掘后,先进行

(1)选取带土壤的黑松小桩

(2)截桩修剪的大树造型

(3)扎线调娇后上观赏盆,在盆右后方放一块山石

图2-79 黑松盆景的制作

露地培育,待根系发育良好、枝叶生长茂盛时再上盆造型。

黑松的整枝以蟠扎为主,修剪为辅。蟠扎可用金属丝,亦可用棕丝,以2~3年生的健壮苗木为佳。将主干作一定的弯曲加工,剪去多余的枝条,再将保留的侧枝蟠扎成平伸或下垂状,以后逐年进行加工,3~5年即可成型。

(三)作品赏析

卢逎骅先生的黑松作品"历尽沧桑",选用

图2-80 历尽沧桑(黑松) 卢逎骅作

双干黑松老桩,将主干雕刻为舍利干,副干却亭亭华盖、郁郁葱葱,把生与死、枯与荣的主

小型盆景制作与赏析

题表现得淋漓尽致,给人一种心灵上的震撼。
"历尽沧桑"的点题使作品意境进一步升华,
使观者感悟到人生短暂,宇宙无垠,从而热爱
自然,珍惜生命,积极进取。

六、地柏盆景

(一)植物学知识

地柏,别名有铺地柏、爬地柏,常绿低矮匍
匐灌木。大枝细长而软,小枝密生而较短;叶刺
形;植株一般无直立主干;幼树皮较光滑,老树
树皮粗糙。

地柏喜光、耐荫、耐寒、不耐旱。喜湿润环
境,对土壤要求不严。

(二)盆景制作

制作地柏盆景的素材获得主要有两个途
径:其一,人工繁殖,可用压条、扦插或嫁接方
法,以扦插为主。其二,到花卉盆景市场购买有
2～3年树龄的苗木或购买有多年树龄并有一
定姿色的盆栽地柏,然后根据立意加工造型。

(3)翌年春天对枝干进行拉吊造型

(4)造型固定后,拆除拉吊绳子,换长方形紫砂盆
培育两年后树相

图2-81 曲干式地柏盆景的制作过程

(1)选购一株有多年树龄的盆栽地柏,
观察后立意构图,划出要剪除的枝条

(2)剪后培育一段时间的树相

(三)作品赏析

地柏一般没有直立主干,枝条生长速度较
慢,所以制作小型地柏盆景常与山石或枯木相
结合,只要精心培植、莳养,可较快成型。

(1)赏地柏盆景"树石情"

作品以一玲珑雅致的石笋石为造型主体,
地柏根头裸露石根,枝干穿越石洞,左右横生,
树石相依,亭亭华盖,郁郁葱葱,情景交融。作
品配用橙褐色直边中深长方盆,盆面行草龙飞
凤舞,陶塑黑色长方几架,整体组合色彩亮丽

丰富,对主题的表现起到很好的烘托作用。

图 2-82　树石情（地柏石笋石）　林三和作

（2）赏地柏盆景"枯荣与共"

图 2-83　枯荣与共（地柏枯木）　吕艺作

　　这是吕艺先生创作的组合式盆景。作品由枯木与地柏组合而成,如果单独观赏会给人单调、死板、枯燥的感觉。作者把两者有意识地组合起来则丰富了作品的内涵、意蕴。枯与荣,矛盾的对立与统一在该作品中得到很好的体现,意境也得到了进一步升华。

七、刺柏盆景

（一）植物学知识

　　刺柏,别名台柏、刺松,为常绿乔木。刺柏树干苍劲古朴;树皮褐色;叶色翠绿,四季常青;枝条柔软,多呈疏散状生长,易于造型,是制作盆景的好树种。

　　刺柏是我国特有树种,喜温暖湿润和阳光充足的环境,稍耐寒冷和干旱。

（二）盆景制作

　　制作小型盆景的刺柏可用播种、扦插、压条等方法繁殖。造型多用金属丝蟠扎,蟠扎时尽量利用树干的原有形态,可加工成单干式、

（1）从苗圃选取的刺柏苗木

（2）选取观赏面后进行重剪

· 51 ·

(3)用金属丝蟠扎造型

(4)制作完成的双干大树造型

图2-84　刺柏盆景的制作

斜干式、曲干式、临水式、悬崖式、附石式等不同形式的造型。刺柏是浅根树种，不宜深栽，按时清理老针和枯针，保持适当的针叶量，以利通风和采光，减少病虫害。刺柏枝上无小枝、无叶时易缩节枯死，可采用迫使下部枝发芽后再逐步缩剪的办法。

（三）作品赏析

（1）赏陶洁之先生的刺柏盆景"谦谦君子"。

小型盆景盆小、植土少，管理养护难度高，但陶洁之先生该作品树相丰满、雄厚、生机勃勃，弯曲的干身有如谦谦君子躬身作揖，和蔼可亲，有远迎宾客之态。

红褐色矮几、浅褐色盆、浓绿的树叶，三者色彩协调统一，增加了作品的观赏性，对作品主题的深化、意境的提高起到了很好的强化作用。

图2-85　谦谦君子（刺柏）　陶洁之作

（2）赏卢迺骅先生刺柏盆景"龙蛇顶翠"

图2-86　龙蛇顶翠（刺柏）　卢迺骅作

该作品的精华在于根头部。作者利用原桩根劲干多的特点，删繁就简，仅留中间一干，其余制作为舍利干，有如龙蛇荟萃、群凤游天，极得苍古自然之趣。中干枝繁叶茂，层林叠翠，整体树相浑厚浓重，枯荣与共，震憾人心。

八、圆柏盆景

(一)植物学知识

圆柏,又名桧柏、柏树,常绿乔木。树冠塔形或圆锥形;树皮红褐色,幼树时为刺形,后渐为刺形与鳞形并存。喜光,喜温凉,对土壤要求不严,适应性强,酸性、中性、钙质土及干燥瘠薄地均能生长,但在温凉湿润及土层深厚地区生长快。耐寒,耐热,忌水湿。萌芽力强,耐修剪,易整形。由于栽培历史悠久,品种、变种甚多。

(二)盆景制作

苗木采用播种、扦插和嫁接等法获得。圆柏幼苗生长缓慢,出苗后需搭棚遮阳。制作小型盆景可到苗圃、花卉盆景市场购买有一定姿色,有多年树龄的盆栽圆柏为素材,图 2-87 为圆柏盆景的制作。

(4)上观赏盆培育两年的造型

图 2-87 圆柏盆景的制作

(1)选定的圆柏小桩

(2)修剪后的半悬崖式造型

(3)蟠扎造型

(三)作品赏析

(1)赏赵庆泉大师圆柏盆景"老朽雄姿"

图 2-88 老朽雄姿(圆柏) 赵庆泉作

这是一舍利干式造型的作品。白色的舍利与红褐色的活水线缠绕在一起,老与朽得到很好的体现。在造型上作者别具匠心,通过手术拿弯,把原顶枝变为跌枝,现顶枝由侧枝代替,作品重心外悬,构图险绝,动感、力感十足。作品青葱苍翠,秀茂劲健,生机勃勃,"老朽雄姿"的题名,使作品的意境得到进一步的升华。

九、侧柏盆景

(一)植物学知识

侧柏,又名扁松、扁柏、扁桧、黄柏、香梅,常绿乔木。幼树树冠尖塔形,老树广圆形;树皮薄,浅褐色,呈薄片状剥离;大枝斜出,小枝直

展,扁平;叶为鳞片状;花期 3~4 月;果 10~11 月成熟。原产华北、东北,目前全国各地均有栽培。

侧柏为温带阳性树种,栽培、野生均有。喜生于湿润肥沃、排水良好的钙质土壤,耐寒、耐旱、抗盐碱,在平地或悬崖峭壁上都能生长,在干燥、贫脊的山地上生长缓慢,植株细弱,浅根性,但侧根发达,萌芽性强、耐修剪、寿命长,抗烟尘,抗二氧化硫、氯化氢等有害气体,侧柏根、叶可入药。

(二)盆景制作

制作盆景的素材获得有两个途径:其一,用种子繁殖,一次可获得较多小苗木,但从繁殖小苗到培育成形需要较长时间,此法适合苗圃或盆景生产基地。其二,到苗圃或花卉盆景市场购买有一定姿色的盆栽侧柏。

(3)用铝线进行蟠扎造型

(4)上观赏盆培育两年后的造型

图 2-89 侧柏盆景的制作

(三)作品赏析

(1)赏卢逦骅先生侧柏盆景"宇宙行"

(1)选定的侧柏小桩

(2)修剪后的文人树造型

图 2-90 宇宙行(侧柏) 卢逦骅作

这是一舍利干式的小品造型。作者选用侧柏实生苗,采用岭南盆景造型的手法,截弃顶枝后作成舍利干,强化作品的苍劲。起用第一托侧枝作顶枝,从而降低作品的成型高度。通过摘心、短剪促使树相丰满,再配上圆形矮几与圆盆,给人一种天地玄远、宇宙浩渺的感受。

(2)赏卢迺骅先生侧柏盆景"古韵"

图 2-91 古韵(侧柏) 卢迺骅作

作者选用一半边树干枯死的侧柏老桩,经截桩、培育、造型,使它重现勃勃生机。枯死的树干经细心雕饰,苍古自然。一老翁昂首观赏,给人一种世事苍桑、时光易逝的感慨。

第六节 常绿类小型盆景的制作与赏析

一、榕树盆景

(一)植物学知识

榕树,别名有须榕、正榕、细叶榕。榕树枝上生有气根,可下垂及地;树冠比较开展,萌枝力强,是良好的盆景树种。榕树是热带植物区系中最大的木本树种之一,有板根、支柱根、绞杀根,可独树成林。

榕树喜光、喜温暖湿润及多雨的气候,不耐寒,稍耐阴,怕旱。在疏松、肥沃、微酸性、排水良好的土壤中生长茂盛。

(二)盆景制作

榕树素材来源:一是用扦插、播种获得苗木;二是从花卉盆景市场选购。榕树喜欢微酸性土壤,可用园土和塘泥混合使用。榕树的萌发力强,造型多以修剪为主,蟠扎为辅。当苗木的主干长到一定高度和粗度时要摘去顶芽,控制高度,以矮化主干并促使主干增粗。达到矮化标准后,可保留 3~5 个侧枝,进行多次摘心摘芽处理。对主干采用蟠扎法造型,随时剪去有碍美观的枝条和病虫枝。如果用种子直接播在石隙中,则很容易得到附石榕的造型。

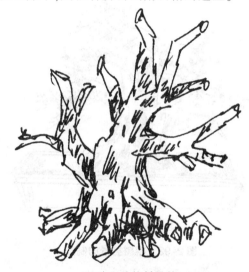

(1)选取的榕树矮桩

(2)古榕截桩造型

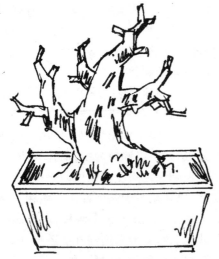

(3)在培育盆中育桩造型两年树相

(4)上观赏盆后树相

图2-92　榕树盆景的制作

(三)作品赏析

(1)赏榕树小品"望壶兴叹"

盆景小品,重在品味、情趣,能以小见大、发人幽思者为上品。

"望壶兴叹"注重桩、盆、几架、饰物的整体组合。作者选用一紫砂茶壶作为盆器,内种一海狮般的象形薯榕,配上特制的几座,左置一休闲的老农:那口喝的神态,那有壶无茶的无奈,那干急的眼神将"望壶兴叹"的主题淋漓尽致地凸显出来。以小见大,以组合展现主题,这是该作品成功的地方。

图2-93　望壶兴叹(榕树)　马文其作

(2)赏榕树盆景"根繁叶茂"

图2-94　根繁叶茂(榕树)　卢迺骅作

作品采用大飘枝造型,树相稳中求险。裸露的树根团峦密集、雄厚稳固,绿叶浓荫、流金滴翠。红褐色的矮几、灰褐色的长方盆、浓绿的树叶,三者色彩对比强烈而又协调统一,对主题起到了很好的衬托作用。

(3)赏吕艺先生"相依为命"榕树盆景

近些年来,在北方花卉盆景市场上出现了一些嫁接的榕树小盆景。根干采用实生苗榕树,因用种子繁殖的榕树根呈薯块状,盘根错节,扭曲成多种姿态,具有较高的观赏性,但叶片大而疏显得不美。一些制作者将叶片较小的榕树枝干嫁接到根干上,两者相互衬托,又相互依存,故题名为"相依为命"。

为丰富画面、提高盆景的观赏性和生活情趣,在釉陶盆左侧后方摆放一块千层石,石上摆放一个小茅屋,使盆景充满浓郁的生活气息。

图 2-95　相依为命(嫁接榕)　吕艺作

二、苏铁盆景

(一)植物学知识

苏铁,别名有铁树、凤尾蕉,常绿树木。树冠呈棕榈状;茎干多呈圆柱状;花期 6~7 月,雄球花黄色,长圆柱形,雌球花扁球形;花后结实,种子卵形微扁,熟时红色。

苏铁原产我国南部地区,现全国各地都有栽培。苏铁喜光、喜温暖,不耐寒,低于 0℃时即受冻害。在疏松、肥沃、湿润、排水好的沙质土壤中生长良好。其寿命长,生长缓慢,是地球上现存最古老的植物之一,有的能活 1000 余年。

(二)盆景制作

制作苏铁盆景的素材可通过播种、分蘖和到市场购买几种方法获得。

(1)长出新叶时树相

(2)单干式苏铁盆景

(3)双干式苏铁盆景

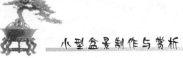

(4)三干式苏铁盆景

图2-96 苏铁盆景的制作

图2-97 婀娜多姿（异形单干苏铁） 马文其作

春季购无根无叶苏铁茎块一个，把大部茎块栽入沙土盆中，浇透水放荫蔽处，保持盆土湿润即可，水不可过多，否则茎部易烂。一般6~8个月生根出叶芽，图2-96(1)为长出新叶后树相。(2)经过1~2年培育移植到观赏盆中，见图2-96(2)。(3)观赏几年后的春季又购得一株小的苏铁，把原先苏铁和小苏铁栽植长方形紫砂盆中，见图2-96(3)。(4)观赏几年后的春季再购一株苏铁，连同以上二株苏铁，立意后栽种到一椭圆形紫砂盆中，成为三干式苏铁盆景，见图2-96(4)。

制作苏铁盆景的方法多样，有的一次把苏铁盆景制成双干式或三干式；有的边欣赏，边增添苏铁，为新盆景增添新意和情趣。

(三)作品赏析

(1)赏苏铁盆景"婀娜多姿"

苏铁是以观赏干和叶片为主的树种。该作品干型特异，下小上大，中间还有两个凹陷，是不可多得的上乘桩树，如八仙中"铁拐李"的仙葫芦，观赏性强。绿叶短茂、纤弱婀娜、风情万种，如能配用浅长盆，观赏效果更好。

(2)赏苏铁盆景"饱经风霜"

图2-98 饱经风霜（劈干式苏铁） 卢迺骅作

卢迺骅先生的劈干式苏铁盆景作品，选用苏铁老桩，一分为二从中劈开，经精细养护，重萌新芽，后经多年蓄聚，芽蘖膨大为侧枝状，再经剪叶控芽，使新叶短密，成为现时的大树造型。作品树相雄浑、根爪劲健，一派饱经风霜、历久弥坚的姿态，值得驻足欣赏。

三、女贞盆景

(一)植物学知识

女贞,别名桢木、蜡树、将军树。树皮灰褐色;枝黄褐色、灰色或紫红色;叶片常绿,革质,卵形、长卵形或椭圆形;花期5~7月;果期11月。

女贞喜光,稍耐阴,适应性强,喜温暖、湿润气候。不耐干旱和瘠薄,适生于深厚肥沃的微酸性或微碱性土壤。须根发达,生长快速,萌芽力强、耐修剪,抗污染性较强。

(二)盆景制作

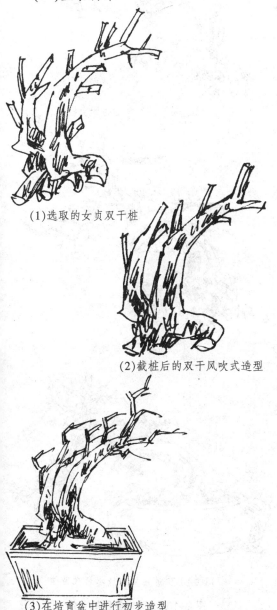

(1)选取的女贞双干桩

(2)截桩后的双干风吹式造型

(3)在培育盆中进行初步造型

(4)最后成型树相

图2-99 女贞盆景的制作

(三)作品赏析

(1)马文其的"相映成趣"女贞盆景,选用海螺壳和一小女贞树,用海螺代盆,女贞树植于其内,真实、自然、野趣。茂盛、常绿的女贞树有如海螺的躯体钻出螺壳享受着日月精华,树与螺壳相偎相依,两者组合和谐,相映成趣。

图2-100 相映成趣(女贞 海螺壳) 马文其作

（2）王选民大师的"共存共荣"小叶女贞盆景，盆中这株小叶女贞，树冠苍翠繁茂，层次分明，但树干、根系较细，显的不美。为弥补这一不足，创作者在树木根干前放置一个形态奇特、大小适宜的枯树桩后，枯干与青葱绿叶形成强烈对比，从而使观赏者对生死枯荣这一人生哲理有了进一步的感悟。中国盆景最讲究诗情画意，重视内涵意蕴，有意境的作品才能提升作品的欣赏价值。

图2-101 共存共荣（小叶女贞 枯木） 王选民作

四、黄杨盆景

（一）植物学知识

黄杨，别名瓜子黄杨、小叶黄杨、千年矮，常绿灌木或小乔木。叶对生，革质、瓜子形；枝条密生，小枝四棱形；花黄绿色，花期4月；果期8月，紫黄色。

黄杨喜光，稍耐阴，较耐寒。根较浅，忌暴晒。生长缓慢，萌发力较强，耐修剪。在疏松、湿润、肥沃、排水良好的土壤中生长茂盛。

（二）盆景制作

制作黄杨盆景的素材，可通过播种、扦插、压条等法获得。因黄杨生长缓慢，要达到小型盆景所需的粗度需10余年。所以制作黄杨盆

景大多到花卉盆景市场购买有一定姿色和树龄的盆栽黄杨。

（1）选取带少量原土的野生桩

（2）立意修剪后树相

（3）直接上观赏盆呈探枝水影式造型

图2-102 黄杨盆景的制作

（三）作品赏析

（1）林三和先生的组合式黄杨盆景"相随到永远"

图2-103 相随到永远（黄杨） 林三和作

组合式盆景讲究的是整体组合后所表现的新主题、大效果。除了色调和谐、色彩统一外，更要强调作品的"布势"和"视觉注意"，从而使作品的主题、意境进一步升华。"相随到永远"作者选用两盆水影式黄杨和有三个老翁的配件，布置成三角形的构图，两黄杨的左飘树势把观赏者的视线引向"调侃"中的三老翁，成为视觉注意，将作品的主题"相随到永远"凸显出来，这就是该作品最为成功的地方。

（2）赏赵庆泉大师的黄杨盆景"龙游碧霄"

图2-104 龙游碧霄（黄杨） 赵庆泉作

作品注重整体大效果，以片状结构为骨架，重点突出主干的自然弯曲之美，干中的一段长弧线通过枝叶的掩映，有藏有露，化丑为美。作品配盆独特，色彩艳丽，对主题的深化起到很好的点睛作用。

五、雀梅盆景

（一）植物学知识

雀梅，别名酸味、雀梅藤、对节刺。叶对生，革质，有光亮；穗状花序，7~9月开花；10月后结果，浆果先青后紫，味酸可食。原产我国东南沿海各省，现全国大部分地区都有栽培。雀梅喜阴、喜肥，根系发达，芽眼节密，萌芽力强，耐修剪，生长速度较快，成型时间短，枝线老劲，是制作小型盆景的上佳选材。

（二）盆景制作

制作雀梅小型盆景的材料，在南方的村边路旁都可采到，每年的大寒节气过后即可采挖，带少量须根，成活率很高。还可用扦插、播种方法获得苗木，也可到市场购买盆栽雀梅。

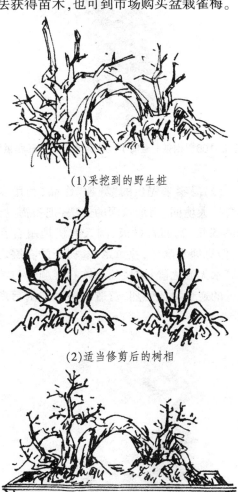

（1）采挖到的野生桩

（2）适当修剪后的树相

（3）上观赏盆一年后的过桥式造型

图2-105 雀梅盆景的制作

（三）作品赏析

（1）冯泰来先生的"相依"盆景。该作品属双干大树造型，主干、主飘枝左展取势；副干右展凌空临水。作者巧妙地在中间布左展一枝与主干相依，结顶左顾，与主干协调统一，树相大气飘逸。作品配用红褐色几架、红橙色金瓜盆，凸显中国盆景特色。

图 2-106　相依（雀梅）　冯泰来作　林三和供稿

（2）冯泰来先生的"塘趣"作品，利用多元组合扩大境面、增加景深的方法，把雀梅盆景、黑色圆几、阔面石材板、陶人有机地组合在一起。但见塘水漪涟，牧童嬉戏。树干的右展之动与塘水无波之静；树枝的总体右展顺势与牧童左进的逆势对比强烈，营造出一种安闲写意的氛围。

图 2-107　塘趣（雀梅）　冯泰来作　林三和供稿

六、福建茶盆景

（一）植物学知识

福建茶，别名基及树、猫仔树，常绿灌木或小乔木。树干嶙峋结节，木质松脆；皮厚，灰白色；叶互生，倒卵形或长形，深绿色，有光泽；开白色小花；果红色有小柄。

福建茶喜温暖湿润环境，在半沙半泥的水边生长特旺，广东、广西分布较多，其他省区亦有栽培。福建茶耐修剪，不耐寒冷，喜肥喜水，在半阴环境下生长良好。制作小型盆景多选用小叶品种，果多，青、黄、红果同挂树上，别有情趣。

（二）盆景制作

制作盆景的素材可用扦插、播种繁殖获得。早春选用有一定形状的老枝，随剪随插，成活率极高。小型盆景用材多用自行繁殖或苗圃购取。

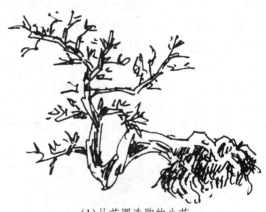

（1）从苗圃选购的小苗

（2）适当修剪造型

(3)对重点枝干进行蟠扎造型

(4)上观赏盆后的卧干式造型

图2-108 福建茶盆景的制作

（三）作品赏析

(1)赏徐锦熙先生的福建茶小品"鹤舞"

图2-109 鹤舞（福建茶） 徐锦熙作 李国兴供稿

该作品属曲斜干式造型，整体大效果，俊逸风流。根，劲健高裸；干，古朴苍劲；枝，左重右轻，取势险，一托大飘枝灵动活泼，成为全桩造型精华；结顶，左昂加强飘枝势韵；配盆稳重大方。相，苍苍然如村头渡口般自然野趣；态，轻盈飘逸如仙鹤独舞，实为匠心独运的好作品。

(2)李联和先生的福建茶盆景"长相依"

图2-110 长相依（福建茶） 李联和作 曾宪烨供稿

这是一件双干造型作品。作品以岭南盆景的"截干蓄枝"为主要创作手法，汲取北派盆景的精华，既注重枝线的美感，又兼顾叶片和整体大效果。作品造型稳重、雅致，较好地表现了相依相偎，同甘共苦的意蕴。

七、常春藤盆景

（一）植物学知识

常春藤，别名有中华常春藤、爬树藤，是常绿藤本植物。花小，淡绿白色，有香味；花期9~10月；花后结果，果实球形，翌年5月成熟。目前已培育出金边、银边、银斑等变种常春藤。

常春藤原产我国秦岭以南地区，现我国很多地区都有栽培。常春藤喜温暖、湿润及半阴的环境，不耐寒，不耐旱，对土壤要求不严。

（二）盆景制作

制作常春藤盆景的素材，可用扦插、压条、播种等方法繁殖，也可到花卉盆景市场购买盆栽常春藤。

图 2-111 扦插成活的常春藤苗木分栽

常春藤枝条细长而软，叶片较小，适合制作小型盆景。图 2-112"春意盎然"盆景，经过截干把大部分枝条剪除，只留根上几厘米长的干，再萌发较细枝条，经艺术加工而成。

图 2-112 春意盎然（常春藤） 马文其作

(三)作品赏析

(1)赏吕艺先生的常春藤作品"崖趣"

藤类盆景的苗木成形快，制作时间短，适合案台、家庭摆放。创作者用家藏的两块燕山石与长飘枝常春藤组合一起，再配上高筒圆盆，即营造出山野悬崖的意韵。绿叶飘飘，充满青春与活力。

图 2-113 崖趣（常春藤燕山石） 吕艺作

(2)赏马文其附木式常春藤盆景"雨后春更娇"

图 2-114 雨后春更娇（常春藤、枯木） 马文其作

枯木是桩景创作的可利用之物，"雨后春更娇"盆景中的枯木，创作者对其进行了简单的造型和防腐处理后，将常春藤附于枯木上并栽种到观赏盆中，随着时间的推移，有意识地将常春藤苗按枯木的形状造型，经过两年培育，常春藤将大部分枯木遮挡住，两者融为一体。但见绿叶扶疏、青翠欲滴、生机勃勃。

八、凤尾竹盆景

(一)植物学知识

凤尾竹,植株低矮,径细;小叶呈披针形,排列成羽毛状;枝顶端略有弯曲。

凤尾竹喜温暖、湿润,炎热夏季更要适当蔽荫,在疏松、较肥沃、排水好、微酸沙质土壤中生长良好。怕水涝,不宜在黏重土、盐碱土中生长。

(二)盆景制作

从花卉盆景市场选购一泥盆凤尾竹,见下图。

图 2-116　相濡以沫(凤尾竹白灵壁石)马文其作

图 2-115　从市场选购的泥盆栽凤尾竹

根据立意构图,选购两盆高低有别的凤尾竹,栽种到椭圆形紫砂盆中靠盆左侧的位置上,盆面栽种小草,在盆右侧空旷处放置一块有两个山峰的白灵壁石,构成竹石图的画面。景物左高右低,动势向右,盆下放多层几架,使盆景更显优雅,见图 2-116。

(三)作品赏析

(1)赏赵庆泉大师凤尾竹盆景"竹趣图"

图 2-117　竹趣图(凤尾竹)　赵庆泉作

作者利用一大丛凤尾竹和几组龟纹石制作出这如诗如画的作品。作品取常见的开合式造型,溪峦左右对开,主次分明,竹影婆娑中一老儒在小桥上驻足欣赏。给人一种身临其境、陶醉其中的感受。

(2)赏马文其凤尾竹盆景"竹石图"

竹、石是中国画家笔下最为常见的素材。竹,虚心劲节,刚直不阿;石,体坚贞,性沉静,不以柔媚悦人,不随波逐流。竹实乃君子之风,历代画家都有讴歌。"竹石图"仅选取凤尾竹一丛、顽石一块,组合后,赋予了其文人品格,其高风亮节、不媚不俗的姿态令人心生敬意。

图 2-118 竹石图(凤尾竹 千层石) 马文其作

九、佛肚竹盆景

(一)植物学知识

佛肚竹,别名有密节竹、佛竹,是木本常绿植物。佛肚竹盆栽高度为 25~50 厘米,为盆栽珍品,观赏价值高。原产广东、湖南,现全国许多地区都有栽培。

佛肚竹喜温暖、湿润、阳光充足的环境,稍耐阴,在疏松、肥沃、排水良好的微酸沙质土壤中生长茂盛。

(二)盆景制作

到花卉盆景市场购买盆栽佛肚竹,莳养一年,第二年即可分株。根据株数多少以及分布情况可分为 2~3 个新竹群。莳养得法,初夏和初秋都能有新竹萌发。分株最佳时间在 5 月或 9 月进行。分株时首先找出竹子根部相连的粗根,用剪刀把粗根剪开,即分为两个新植株,如图 2-119。

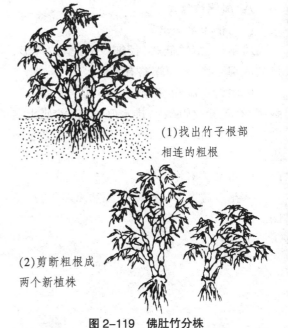

(1)找出竹子根部相连的粗根

(2)剪断粗根成两个新植株

图 2-119 佛肚竹分株

图 2-120"竹林深处是我家"盆景的制作:

挑选一长方形紫砂盆,用培养土将五株一组的佛肚竹栽种到紫砂盆的右侧为主景;将另外两株佛肚竹栽种到紫砂盆的左侧为客体。浇透水放蔽荫处 20 天,再放半阴处 10 天,然后置阳光处精心莳养。莳养过程中,初夏、初秋两次萌发新竹,翌年选适当时机,按画面位置点缀两大一小 3 只熊猫,好似熊猫一家在快乐玩耍,盆下配得体几架即成。

图 2-120 竹林深处是我家(佛肚竹) 马文其

（三）作品赏析

（1）赏马文其佛肚竹盆景"春牧"

图 2-121　春牧（佛肚竹、灵璧石）　马文其作

一株畸形竿佛肚竹，叶子苍翠，层叠分布，自然成景，但竹竿较细，为弥补这一不足，在竹竿左侧放置一块中间有孔洞的灵璧石，盆面长满绿油油的小草，春意盎然。在盆面中右后侧放置两个骑牛牧童，使盆景更富情趣，组合更加和谐，故题名"春牧"。

（2）赏马文其佛肚竹盆景"其乐无穷"

图 2-122　其乐无穷（佛肚竹、云盆）　马文其作

佛肚竹由于其两竹节间膨大如佛肚而得名。制作盆景要选其矮化的变种，即使如此，也还要有相应的管理制作技术才能保持作品具有较高的观赏性。该作品选用自然成形的云盆表现山涧野趣，几棵佛肚竹错落有致，熊猫一家子觅食其间，其乐融融。

十、山格木盆景

（一）植物学知识

山格木，别名荚木、越南叶下珠。山格木木质坚硬，是常绿小灌木；树皮黄褐色；叶小，革质，有光泽；枝密；干径达 3 厘米粗的已是极品；花分雌雄，花期 4 月；果扁圆。山格木性喜暖畏寒，喜湿润的微酸性沙壤土。怕强光，怕干燥的北风，在空气湿度大、半荫环境下生长良好。

（二）盆景制作

山格木叶小、干细、枝小、根系发达，适合多种造型，是制作小型盆景最理想的树种之一。山格木小型盆景的用材多从野外挖取，每年清明节前后是采挖野生桩的最佳时间，将采到的桩材用干净的粗河沙作介质，直接种在瓦盆中。树干截口用银色的粘帖纸封好，置散射光照、通风、阴凉的地方。每天喷水数次，保持干身、盆土湿润，30 天左右萌新芽、新根，成活率较高。

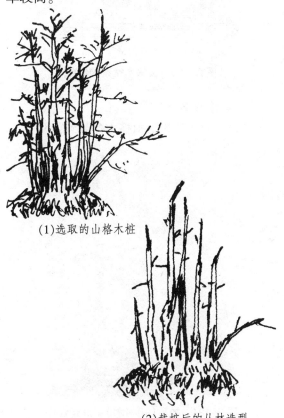

（1）选取的山格木桩

（2）截桩后的丛林造型

(3)蟠扎造型

(4)上欣赏盆的成型树相

图 2-123　山格木盆景的制作

(三)作品赏析

(1)赏周运江先生山格木盆景"禅思"

图 2-124　禅思(山格木)　周运江作

禅,富有哲理,博大精深,穷一生之力,难窥其一二。禅心、禅意、禅悦、禅思、禅趣、禅悟……都是指佛教关于"劝善"、"弃恶"、"静思"、"养性"等人生态度,正如《顿悟入道要门论》载:"问:云何为禅,云何为定? 答:妄念不生为禅,坐见本性为定。"

周运江先生的山格木作品"禅思",原木是一直干作品,但作者觉得直干过于单调,少含蓄,少韵味,经过技术造型使作品的内涵得到了进一步升华。中国人讲"中庸",认为"刚直者易折"、"佼佼者易污"、"尺蠖之虫能屈能伸"、"水滴石穿"要的是决心、耐力。"禅思"的点题使观赏者顿悟、妙悟。

(2)赏赵士湛先生山格木盆景"野渡无人舟自横"

图 2-125　野渡无人舟自横(山格木)　赵士湛作

灯火通明的京剧舞台上可表演摸黑打杀的《三岔口》;一支船撑可衬托出《水漫金山》中的滔滔大江。同样,明亮如镜的白石盆上可表现万顷浩渺的烟波……这就是中国式的艺术表现手法。

你看:古树下,渡头边,山路无人,江平如镜一舟横……"春潮带雨晚来急,野渡无人舟自横",这即是"野渡无人舟自横"产生的一种意境、意象。

十一、山桔盆景

(一)植物学知识

山桔,别名东风桔,常绿灌木或小乔木。叶互生,革质,油亮有光泽;花生于叶腋,5月开花,白色有清香;果实球形,6~10月由青转紫黑,多分布于我国广东沿海地区。

山桔喜微酸性沙壤土,喜阳光直晒,耐阴、耐干旱贫瘠。生长速度中等,根干愈合力强。老枝干萌芽力强,耐修剪,不易变形,成型作品在室内摆放时间长。

(二)盆景制作

山桔的繁殖可用播种法,种子随采随播,出芽率极高,小苗木培育几年可作为制作小型盆景素材。小型山桔盆景的用材多从花卉盆景市场选购。

(3)初步截桩

(4)最后截定上观赏盆

(1)市面购买的盆培一年的山桔丛林桩

(2)经构思拟作成大树造型

(5)成型设计图

图2-126 山桔盆景的制作

(三)作品赏析

(1)赏周运江先生山桔盆景"吉祥三宝"

该盆景是一以计划生育为主题的具有时代意义的好作品。作者选用三干山桔小桩,经5年的精心剪蓄、养护,创作出这一轻盈、简洁、亮丽的作品。将一家三口外出时的喜悦、夫妻间的依恋、小孩的好动淋漓尽致地表露在小小的盆盎中。"吉祥如意"、"大吉大利",多好的寓

意，多好的祝福！"吉祥三宝"主题好、意境好。

图 2-127　吉祥三宝（山桔）　周运江作

（2）赏许明先生山桔盆景"醉月"

图 2-128　醉月（山桔）　许明作

醉是一种状态：慵倦、矇眬、懒散、蹒跚……，醉酒、醉茶……不一而足。本盆景反映了月圆之夜，清茶一壶，谈心赏月，陶醉于皎洁月光下的意境。

（3）赏吴荣杰山桔小品"陶潜自省"

图 2-129　陶潜自省（山桔）　吴荣杰作

"不为五斗米折腰"的陶潜，宁可采菊东篱也不愿同流合污，这是我国人民所敬重的"文人"精神和品格。

清瘦、傲岸、简洁的"文人式"树下，石矶上一老儒昂首沉思。家事，国事，天下事？"吾日三省吾身"……以"陶潜自省"点题，使作品的意境进一步提高。

十二、紫檀盆景

（一）植物学知识

紫檀，别名黑骨香、黑檀。树皮、树根黑色；木质坚硬，生长缓慢；枝形上扬，多呈丛林状、连根状；花小，白色，生于叶腋；果豆大，熟时黄黑色。耐阴，喜微酸性土壤，耐干旱，耐贫瘠，是以观叶为主的盆景树种。

（二）盆景制作

紫檀生长缓慢，在岭南盆景中是生长最慢的树种，比黄杨的生长还慢，故在选桩时要特别注意选取有伴嫁托，最好是有幼枝的树桩，或从市场购买。如果截口超过 3 厘米，将很难培育到相配的枝托。紫檀的最佳采挖时间是春分后芒前前。紫檀萌芽力强、发根快，故干、托、根基本上可以一次截到位。树桩截好后用清水浸泡 24 小时,再用河沙种植,置半荫处,保持干身温度,20 天后截口可见黑色液体分泌,几天后萌芽,60 天可见新根,成活率高。

(1)选购盆栽两年的野生桩

(3)短剪疏理后拟上浅盆

(4)上盆后的造型

图 2-130　紫檀盆景的制作

(三)作品赏析

(1)赏冯尊南先生紫檀盆景"野趣"

(2)脱盆后可见非常发达的根系

图 2-131　野趣(紫檀)　冯尊南作

桩景是大自然的缩影，各个树桩都有其个性特征，桩景创作要发挥树桩的原有个性，充分利用树桩根、干、枝、叶形成的自然美。大自然是最杰出的艺术家，一些鬼斧神工的作品是人类所不能想象的。"野趣"就是一件基本上属自然型的盆景作品。作者选用一带有自然枝的黑檀老桩，稍加剪截后直接上盆，成活后进行控枝修剪，三年即成现时树相。作品充满自然、野趣，有一种不经雕饰的恣意、狂野之美。可见，岭南盆景吸取北派盆景中自然技法的优点，不一定要通过节节截蓄造型，只要是合乎美的欣赏原则的作品就是好作品。

（2）赏卢逎骅先生紫檀盆景"独揽春光"

图 2-132　独揽春光（紫檀）　卢逎骅作

紫檀是盆景中以观叶为主的稀有树种，其皮相黑异，花小清香，四季长青，室内摆设时间长，是制作小品盆景的上好树种。《独揽春光》树种紫檀呈连根林相，在造型上分两丛：主丛16小干在右；副丛7小干在左，中间穿根相连，构图右重左轻，大势右倾，主、次分明。作品注重大效果，空间布局合理，疏密对比强烈，气韵灵动。但见绿叶繁密，层层堆叠，新芽吐翠，阳光普照，独揽一派大好春光。

十三、袖珍椰子盆景

（一）植物学知识

袖珍椰子，别名有矮生椰子、矮棕、雅致茶、马椰子等，常绿矮灌木。单株直立，青绿色；羽状复叶丛生，小叶披针形，深绿色有光泽；花期3~4月；果期8~9月。

袖珍椰了喜温暖湿润和半阴的环境，不耐寒，忌烈日暴晒，在疏松肥沃、排水好的微酸沙质土壤中生长良好。

（二）盆景制作

制作袖珍椰子盆景所需苗木，可根据创作所需到花卉盆景市场购买。

图 2-133　从市场购买两盆袖珍椰子

选购两盆袖珍椰子共6株，细致观察后立意，拟制作3件盆景，将最大一株栽种到釉陶盆左侧位置，如图2-134。

图 2-134　一株成型（袖珍椰子）　马莉作

将高低有别的两株袖珍椰子栽种到贝壳中适当靠后的位置。在盆面左侧空旷处放置陶质老翁配件,盆下放一木质几架,即组成别有情趣的小型袖珍椰子盆景,见图2-135。

图 2-135　两株成型(袖珍椰子)　马莉作

选用一个30厘米长的兰花釉陶盆,在正式栽种前先进行试作,找好各株袖珍椰子以及山石在盆中的位置。将3株袖珍椰子中,中等高度的那株栽种到盆左端的位置上,最高一株和第三高度那株栽种到盆的右侧,在盆中适当靠左侧的位置上放倒"U"字形山石,在盆右侧靠前沿处放置一坐式拿拐杖的老翁,好似游玩累了在此小憩。

图 2-136　3株袖珍椰子制成的树石盆景(袖珍椰子 燕山石)　马文其作

(三)作品赏析

(1)赏马文其袖珍椰子盆景"螺中生春"

图 2-137　螺中生春(袖珍椰子)　马文其作

袖珍椰子是室内较好的观叶植物,用袖珍椰子制作盆景小品作为案头摆设,实为一创意之举。该小品选用4株小苗,种植在一海螺壳内。造型上兼有插花和盆景两者的韵味,举手之劳可使案头得到美化。

(2)赏马文其袖珍椰子盆景"椰林春来早"

图 2-138　椰林春来早(袖珍椰子)马文其作

椰林最能表现热带风情。作者将9枝高低不同、大小各异的袖珍椰子小苗错落有致地种植在一起,给人一种椰林春早的感觉,更能烘托出海南特色……给人一种微风拂面、新叶吐翠的感受。

第七节　落叶类小型盆景制作与赏析

一、银杏盆景

(一)植物学知识

银杏,别名白果、公孙树,落叶乔木。树皮灰褐色;叶形状似扇;雌雄异株,偶见同株;花球状,雌球花有长梗;花期5月;10月果实成熟。银杏为阳性树种。喜光,不耐荫。耐寒、耐旱,忌水涝。喜肥沃、疏松的土壤。从栽种到结果需二十多年,四十年后才能大量结果,能活到一千多岁,是树中的老寿星。我国的银杏栽培较广,华北及两广地区都有栽培。

(二)盆景制作

银杏繁殖主要是播种、分蘖。10月采种,3~4月将催芽后的种子点播、条播均可。在3月下旬选2~3年生根蘖,与母株分离栽植即可。

银杏小型盆景的桩材可从盆景市场选购,也可从老银杏树上摘取银杏乳(又称天笋)扦插萌芽、生根为材。

(1)老银杏树上的银杏乳

(2)将摘下的银杏乳用干净的粗河沙插种

(3)萌芽后选留造型芽

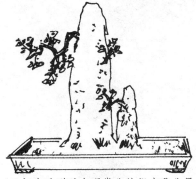

(4)初步造型后上观赏盆的银杏乳盆景

图2-139　银杏盆景的制作

(三)作品赏析

赏卢逦骅先生的银杏盆景"横空出世"

图2-140　横空出世(银杏)　卢逦骅作

银杏树种历史久远,有"活化石"之称。用银杏制作盆景,现今多用银杏笋来培育,该作品是用高接法从老银杏树上获取。

这是一临水式造型。作品干躯怪异,根爪劲健,裸露如爪,取势开张,临悬险峻,绿叶青葱,生机勃勃,给人一种动态之美。

二、黄栌盆景

(一)植物学知识

黄栌,别名有栌木、红叶烟树,为落叶灌木或小乔木。树皮深灰褐色,新枝皮光滑;老枝皮粗糙,枝条比较柔软;单叶互生,有宽卵形、圆形或宽椭圆形,表面深绿色,背面青灰色,叶柄细长,深秋经霜叶片变红。

黄栌原产我国中部地区,现很多省市都有栽培,有较多变种,如垂枝黄栌、紫叶黄栌、四季花黄栌等。

黄栌系阳性树种,喜光,稍耐半阴,耐寒,耐旱,在瘠薄土壤中亦能生长。

(二)盆景制作

制作黄栌盆景的素材可用播种、压条、嫁接、野外采挖等方法获得,亦可到花卉盆景市场购买盆栽黄栌。

图 2-141 是黄栌苗木根据立意构图进行修剪、蟠扎造型后的树相。

下图是野外挖取的树桩,经过培育修剪等加工,制作成得曲干式黄栌盆景。

(1)野外挖取的黄栌树桩,立意后对枝条、树根进行修剪

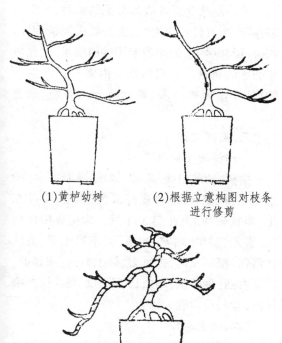

(1)黄栌幼树　(2)根据立意构图对枝条进行修剪

(3)用金属丝蟠扎造型后的树相

图 2-141　悬崖式黄栌盆景的制作

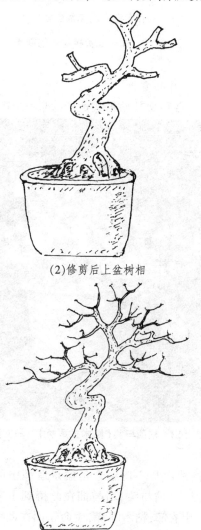

(2)修剪后上盆树相

(3)培育加工两年后树相

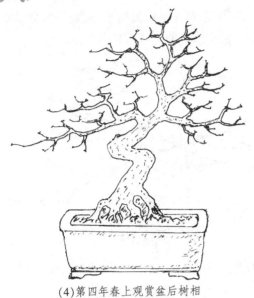

(4)第四年春上观赏盆后树相

图2-142　曲干式黄栌盆景的制作

（三）作品赏析

(1)赏马文其贴木式黄栌盆景"枯荣与共"

图2-143　枯荣与共（贴木式黄栌）　马文其作

将枯木与小树组合是盆景造型中的一种表现形式，枯与荣、巧与拙在此得到了完美统一。绿叶浓郁，枯木峥嵘，生命轮回在此得到很好的表现。

(2)赏马文其黄栌盆景"霜叶红于二月花"

图2-144　霜叶红于二月花（黄栌墨石）　马文其作

黄栌是北京野外最为常见的树种，每当秋末，栌叶由青转黄再变红，真是如火如荼，漫山红遍，层林尽染。创作者采用移山换景、缩龙成寸的手法将这一景观移到室内案头，产生一种"停车坐爱枫林晚，霜叶红于二月花"的意境。

三、榆树盆景

（一）植物学知识

榆树，别名白榆、家榆、榆钱，落叶乔木。树干直立；枝多开展；树皮深灰色，粗糙；单叶互生，卵状椭圆形；花期3~4月。榆树属阳性树种，喜光、耐旱、耐寒、耐瘠薄，不择土壤，适应性很强。根系发达，抗风力、保土力强。耐修剪，萌芽力强，生长快，寿命长，不耐水湿。抗污染性强，叶面滞尘能力强。

（二）盆景制作

榆树苗木主要采用播种繁殖，也可用分蘖、扦插法繁殖。播种宜随采随播，扦插繁殖成活率高，扦插苗生长快，管理粗放。制作小型盆景的榆树可选用有一定形状的榆根培育造型。

(1)换盆时剪取的榆根　　(2)用干净河沙培育

(3)在培育盆中进行初步造型

(4)上观赏盆的榆树盆景

图2-145　榆树盆景的制作

(三)作品赏析

(1)许明先生的榆附英石盆景"问道"

榆根附于高耸险绝的石顶,树梢滚动一泻

而下,一老翁驻足凝望树梢。简洁的构图,清新的气息,无尽的禅意,摄人心魄。

阴符经云:"观天之道,执天之行,尽矣"。人生百年如白驹过隙,能无愧于心、无愧于天地者为上人。本盆景给人一种"顺应天道、随遇而安"的意境。

图2-146　问道(榆附石)　许明作

(2)赏贺淦荪大师榆树"直干雪压式"盆景

图2-147　直干雪压式(榆树)　贺淦荪作

作品动感强、意蕴深,在吸收台湾、日本和岭南盆景优点的基础上注重整体大效果,有自己的风格、特色。该作品为常见的直干式，但又不同于常规造型，干势右弯，力感凸显。枝线剪扎结合，以干身为中轴，左右开张下弯，很好地表现了大雪压枝的效果，极具创新意味。作品桩、盆、架三位一体组合相宜，为难得的佳作。

(3)赏冯连生大师榆树盆景"横秀"

图2-148　横秀（榆树）　冯连生作

雄、秀、清、奇是盆景造型四大特色。秀又与茂联系在一起，它既没有雄树的劲健，也没有清树的潇洒，是一种两栖的造型。"横秀"作者很好把握了桩材的个性、特点，在"秀"字上下足功夫。但见老干峥嵘、绿叶浓郁，横飘的干身飘逸轻灵并与顶冠协调统一，形成横的大势，从而使主题得到深化。

四、牡荆盆景

（一）植物学知识

牡荆，别名荆条、落叶灌木。小树枝条光滑，老枝及树干粗糙，有纵裂，色呈灰褐色；叶为掌状复叶，对生；花淡紫色，花期6~7月。

牡荆分布于我国中南、华北等地的荒山及丘陵地带。牡荆喜光、稍耐阴、耐寒、耐旱、耐瘠薄，对土壤要求不严，萌发力强，耐修剪。为使叶片变小，一年可摘心、摘叶2~3次。

（二）盆景制作

制作牡荆盆景的素材可通过市场购买、扦插、野外掘取获得。

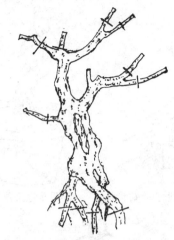

(1)选野外挖取的牡荆树桩,根据立意对枝条、根系进行修剪

(2)修剪后栽入泥盆中的树相

(3)栽培两年后加工的树相

(4)第四年春将牡荆植入观赏盆,经修剪后的树相

图2-149　牡荆盆景的制作

图2-151　历尽沧桑(牡荆)　马建康作

(三)作品赏析

(1)赏马文其牡荆盆景"春展新姿"

图2-150　春展新姿(牡荆)　马文其作

小巧玲珑、清靓雅致、管理方便是小型盆景的最大特点。"春展新姿"作者就很好地把握了这一点。大地春回,牡荆吐绿,英姿初展,给人一种欣欣向荣的景象。

(2)赏马建康牡荆盆景"历尽沧桑"

牡荆是以观叶为主的树种之一。"历尽沧桑"主干古朴苍劲,结节高裸,饱含沧桑;但枝繁叶茂、自然野趣。不足的是年功未够,观赏性欠佳,假以时日定为好作品。

五、柽柳盆景

(一)植物学知识

柽柳,别名有观音柳、三春柳等,落叶灌木或小乔木。幼树时树皮呈红色,老树皮呈灰褐色;枝条纤细,质软而下垂;叶细小如鳞片状,密生;花小,粉红色,有时一年内能开3次花,故有"三春柳"之称。

柽柳为亚热带及温带树种,原产我国华北、华南等地区。柽柳喜光、稍耐阴、耐寒、耐旱、亦耐湿,在潮湿地、沙荒地、盐碱地均能生长,对有害气体有较强抗性。

(二)盆景制作

制作盆景的素材获得途径有播种、压条、扦插、市场购买和野外掘取等。

(1)扦插成活的柽柳

(2)扦插成活,蓄养两年,蟠扎造型的柽柳树相

图 2-152　扦插成活后的柽柳

(3)培育加工两年后树相

(1)野外掘取的树桩,根据立意先划出修剪线,
对枝条和树根进行修剪

(4)第四年春上观赏盆后的柽柳树相

图 2-153　柽柳树桩盆景制作

(三)作品赏析

(1)赏王选民大师柽柳盆景"汴河烟柳"

柽柳是河南开封一带的特有树种,王选民先生选取柽柳这一特定树种,表现"汴河"这一特定题材。但见柽柳古朴苍劲、枝条摇曳……"此夜曲中闻折柳,何人不起故园情","汴河烟柳"如诗如画,令人流连。

(2)修剪后植于泥盆的树相

叶卵形或椭圆状卵形；果近球形或圆卵形，橙红色，单个或两个并生，果熟期10月；花期4月。性喜阳，稍耐阴，应放置阳光充足的通风处。喜深厚肥沃疏松的土壤，耐寒冷、耐干旱。

（二）盆景制作

制作朴树盆景的素材，可通过扦插、播种、野外掘取以及购买等法获得。每年春修剪朴树盆景时，将剪下的枝条插在苗床里，保持盆土湿润，30天后即可长出新根来，两年后即可成为制作小型盆景的上好用材。

图2-154　汴河烟柳（桎柳）　王选民作

（2）赏马文其桎柳盆景"层云叠翠"

（1）早春从苗床中起出扦插两年的朴树苗

（2）进行适当修剪造型

图2-155　层云叠翠（桎柳）　马文其作

云片式是扬派盆景的传统造型，以严谨的棕丝扎法为主，由于这种造型较为机械、死板，跟不上时代发展的需要，已逐渐为自然式所取代。海派集扬派和岭南派之长形成自己的云片风格。"层云叠翠"的作者就作了类似的创新。

六、朴树盆景

（一）植物学知识

朴树，又名沙朴、青朴、千粒树，落叶乔木。树冠广圆形或扁圆形；树皮灰褐色；单叶互生，

（3）蟠扎上观赏盆的倒挂抬头式造型

图2-156　朴树盆景的制作

（三）作品赏析

（1）赏宋念祖先生朴树盆景"闲来野水看东风"

图2-157　闲来野水看东风（朴树）　宋念祖作

这是一款大树造型的作品。树干矮壮敦实，枝繁叶茂。干身古朴苍劲，扭盘转骨，一派安闲、写意景象，较好地表达了闲来野水看东风，不惊不喜、万事随缘的主题。不足的是配枝过小，枝线不够苍劲，与干身的古气、大气不太协调。

（2）赏陈香顺先生朴树盆景"险峰风光"

图2-158　险峰风光（朴树）　陈香顺作

这一盆景为"石上树"造型。作者利用朴树老头萌发的新芽，经多年培育才成就这风光无

限、生机勃勃的树相。不足的是配盆过厚，小树叶过多过高，给人一种峰不险、量不足的感觉。

七、红枫盆景

（一）植物学知识

红枫，又名鸡爪枫、七棱枫、山槭等，为落叶小乔木。新枝紫红色，成熟枝暗红色。早春发芽时，嫩叶艳红，密生白色软毛，叶片舒展后渐脱落，叶色亦由艳丽转淡紫色甚至泛暗绿色。

红枫喜温暖、湿润的环境，喜光但怕烈日，属中性偏阴树种，夏季遇干热风吹袭会造成叶缘枯卷，高温日灼还会损伤树皮。红枫虽喜温暖，但比较耐寒，在黄河流域一带，地栽者可露地越冬。黄河以北，则宜盆栽，冬季入室为宜。红枫在微酸性土、中性土中均可生长。红枫树姿婀娜，叶形秀丽，叶色鲜艳夺目，为珍贵的观叶佳品。宜植于庭院、草坪、花坛、树坛、建筑物前，或与假山配植，亦可盆栽或制作盆景。原产我国东北、华北以及长江流域，现很多地区都有栽培。

（二）盆景制作

制作盆景的素材，可用播种、嫁接、购买等途径获得。

（1）从苗圃选购的红枫小桩

(2)根据立意进行适当造型修剪

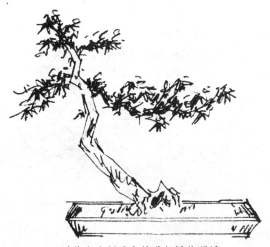

(3)对伸向右侧重点枝进行蟠扎调娇，
上观赏盆成单斜干式造型

图2-159 单干式红枫盆景的制作

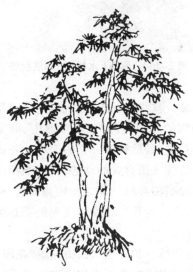

(1)从苗圃购买双干式红枫苗木

(2)按照立意进行适当修剪

(3)蟠扎造型上观赏盆的双干式造型红枫盆景

图2-160 双干式红枫盆景的制作

(三)作品赏析

(1)赏集翠居红枫盆景"借得一叶寄相思"

图2-161 借得一叶寄相思(红枫) 集翠居

这是一款大树造型的作品。根板劲健，四
歧爪立，一树红叶，云蒸霞蔚、如火如荼。借得一叶寄相思,热烈、浪漫、温馨。

(2)赵庆泉大师的红枫盆景"飘逸"

图2-162 飘逸(红枫) 赵庆泉作

作者不囿于造型俗套,重点枝反向左拖,是一反常规的造型,构图灵动活泼,取势外张。轻柔飘逸的枝线如"美人回眸",新挂红叶与蓝釉马蹄盆色彩对比强烈而又协调统一,桩、盆、架整体组合恰当,实属上乘佳作。

八、水杨梅盆景

(一)植物学知识

水杨梅,别名水杨柳、水团花、水石榴等。茎多分支;小枝细长,红褐色;花单生;生于洼地、湿地、林缘、河边,因河水长年冲刷,许多水杨梅根盘裸露,树姿古雅,非常适合制作小型树桩盆景。水杨梅生命力旺盛,愈合能力强,选择植株矮小,形状奇特古雅的水杨梅老桩制作盆景可加快成型速度。

(二)盆景制作

制作盆景的素材可用播种、分株、扦插、压条、购买、野外挖取等方法获得。

(1)选取的水杨梅小桩

(2)初步截剪的树相

(3)成型后景相

图2-163 水杨梅盆景制作

(三)作品赏析

(1)赏彭洪秋先生水杨梅盆景"奔月"

图2-164 奔月(水杨梅)彭洪秋作

这是一款曲斜干式造型盆景。作者剪取一段水杨梅的侧根,扦插于培育盆中,萌芽后精心剪蓄养护,最后种于一紫砂壶中。苍劲卷曲的根干造就飞扬奔放的动势,翠绿浓荫的枝叶如长袖般蹁跹起舞。"嫦娥应悔偷灵药,碧海青天夜夜心","奔月"将嫦娥飞天的动态刻画得非常入神。

(2)赏林三和先生水杨梅盆景"花团锦簇"

"花团锦簇"是一古榕造型。老干嶙峋结

节,气根纵横交错,绿叶华盖,花团锦簇,檀黑矮几,桩、盆、架色泽艳丽,整体组合恰到好处。

图 2-165　花团锦簇(水杨梅)　林三和作

九、三角枫盆景

(一)植物学知识

三角枫,别名有丫角枫、三角槭,为落叶乔木。树皮灰褐色;叶对生;花黄绿色;花期 4 月;果熟 9 月。

原产我国长江流域,现北至山东、河北,南至广东、广西都有栽培。三角枫是弱阳性树种,盆栽后,春秋两季可置阳光下莳养;夏季光照强时要适当遮荫。喜温暖、湿润环境,在疏松、微酸或中性土壤中生长良好。萌发力强,耐修剪。

(二)盆景制作

制作三角枫盆景的素材,可用扦插、播种、嫁接、野外挖取及购买等方法获得。

(1)选一株有特色的三角枫树桩

(2)根据立意进行适当修剪造型

(3)蟠扎造型后上盆的斜干式盆景

图 2-166　三角枫盆景的制作

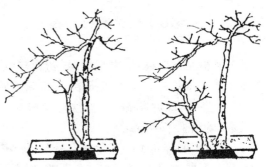

(1)主干直立,副干呈弓状　(2)主干直立副干呈斜干

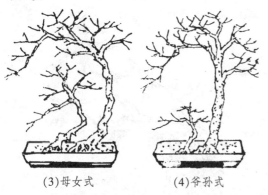

(3)母女式   (4)爷孙式

图2-167　用三角枫制成多种样式的双干式盆景

（三）作品赏析

(1)赏冯连生大师三角枫盆景"秋映枫色"

图2-168　秋映枫色（三角枫）　冯连生作

三角枫是落叶树木，春夏浓绿，初秋转黄、深秋如水。该作品为实生苗所培，头根紧抓顽石，树干坚挺，绿叶华盖，一丝淡橙色轻染叶面，预示着秋来了……。

(2)赏卢逎骅先生的三角枫盆景"手足情"

略有弯曲的双干，左干粗，右干细，树根紧贴在一起，盘根错节，树冠浑然形成一个整体，层次分明，充分体现兄弟之间手足情。此题名人情味十足，常能引起观赏者的遐想。

图2-169　手足情（三角枫）　卢逎骅作

十、对节白蜡盆景

（一）植物学知识

对节白蜡，俗称对角树、对节树。20世纪80年在湖北发现，后被有关部门列为珍稀濒危树种，定为二级保护植物。

对节白蜡为落叶乔木，树皮灰褐色；叶和枝对生，卵形或椭圆形，奇数羽状；花期2~3月；果期4~5月。

对节白蜡只有湖北几个县市有，现全国很多地区都在引种。对节白蜡喜光亦耐阴，喜肥亦耐贫瘠土壤。萌发力强，耐修剪，耐寒，寿命长，为全国盆景艺者青睐的树种。

（二）盆景制作

制作盆景的素材多从市场购买，亦可用扦插、山野挖取方法获得。

(1)早春在市场购未发芽的树桩

(4)翌年早春换盆面略小的紫
砂盆,对枝条进行适当修剪

(2)让其自然生长

(5)让其自然生长,使枝条增粗

(3)第一次修剪后树相

(6)第二年秋大修剪后树相

图2-170 登天有路对节白蜡培育过程

从图 2-170(1)和 2-170(6)对比可以发现以下几点变化:(1)树高度变矮。(2)树桩上枝条减少,尤其是树干左侧枝条。(3)盆钵变小,盆、树比例更协调。(4)盆面素淡,使观赏者的精力更多地注意于树木形态。

(三)作品赏析

(1)赏武汉盆景园对节白蜡盆景"悬崖叠翠"

图 2-171　悬崖叠翠(对节白腊)武汉盆景园作

仲济南供稿

悬崖式是盆景造型中难度最高的形式:一是桩难寻;二是制作难度高。"悬崖叠翠"是一款难得的好作品。黄白色的高筒盆,上大下小,高洁清峻;古朴苍劲的树干弯悬而下,一泻千里;层层堆叠的黄绿色叶片阶梯般而下,风光无限,景色无限。

(2)赏章征武先生对节白蜡盆景"留下一片清凉"

这是中国盆景艺术家协会副会长章征武先生的水影式盆景。作品很好地把握了水影式造型的特点,根头紧抓岸边,沉稳锚定。树干苍劲古朴,重心外移,动感强,构图灵动,取势开张。干身横斜,轻俯水面,绿叶浓荫,清风拂面,给人一种灵动、飞扬的气势。

图 2-172　留下一片清凉(对节白蜡)　章征武作

第八节　一桩多景盆景的改型

一件盆景作品,观赏时间长了就没有了新奇感,但通过蟠扎、修剪等技艺,改变一种造型,使它"旧貌换新颜",会给人以新鲜感和更好的欣赏性。

一、牡荆盆景的改型

1. 获取一株较细的牡荆桩,但它的根部较粗而有特色,经过几年培育,加工制成树干向右上方伸展的造型,题名"飘扬",见图附 2-173。

图 2-173　飘扬(牡荆)　马文其作

2. 几年后,春季换盆时,将牡荆栽入签筒紫砂盆适当靠盆后沿的位置,树干基本平伸向盆钵右侧,在盆口靠前沿处放置一块有一定高度和姿色的山石,呈图附 1-2"远客来迎"的造型。

图 2-174　远客来迎(牡荆)　马文其作

3. 再过几年,换盆时,把牡荆树桩植入六角形紫砂签筒盆中适当靠盆口左侧处,枝条伸向左下方,在树根右侧放一块山石。将盆置于中高方形几架上,在盆左下侧空旷处,放一个低头欲吃牡荆叶片和一个扬头嘶叫的陶质马匹配件,组成一幅生动的画面。

图 2-175　一泻千里(牡荆)　马文其作

4. 观赏几年后,再换盆时,将牡荆树桩植于四方形签筒盆中。枝条向右下伸展,适当剪短枝条,叶片生长繁茂,根部适当露出盆土。在 5 件作品中,该景是枝叶最繁茂的一件,故名为"生机勃勃"。

图 2-176　生机勃勃(牡荆)　马文其作

5. "春展新姿"的培育过程。前面四件盆景,经过近 20 年的莳养改型,但都是树干上扬或下垂的变化,这次作大的改型,剪除主干,培育上扬的副干。

牡荆枝条长粗较慢,盆栽后生长更慢,经过 3 年蟠扎、修剪、摘叶等造型处理,拍照时已是改型的第四年春天,到此,这棵牡荆已经莳养 20 余年,这株牡荆伴随创作者从中年进入老年,感情之深,难以言表!

图 2-177　春展新姿(牡荆)　马文其作

二、黄栌盆景的改型

作者在阳台莳养的盆景中，超过 20 年的有 3 株，"霜叶红于二月花"这株黄栌就是其中一株，是 20 世纪 80 年代初作者在北京西山得到的。当时这株黄栌树干只有筷子粗，但树根较粗，树干离开地面不高，自然弯曲，是一个好的盆景素材。

1. 因这株黄栌树干较细，观赏价值不高，前 10 余年都是培育、加工阶段。1997 年春把这株黄栌移入圆形紫砂盆中，当年 11 月初叶片变红，见图 2-178。

图 2-178 霜叶红于二月花（黄栌） 马文其作

2. 第二年春将黄栌从圆形紫砂盆中扣出，用新的培养土植入盛土更多的方高形紫砂盆中，精心莳养，春季拍照，题名为"青翠欲滴"。

图 2-179 青翠欲滴（黄栌） 马文其作

3. "秋韵"盆景是 1998 年 10 月下旬所拍，黄栌叶片因气温变化由绿变黄，由黄变红，叶片黄中透红，具有浓浓的秋意。

图 2-180 秋韵（黄栌） 马文其作

4. 1999 年春将黄栌从方高盆中扣出，植入盛土更多的圆高盆中适当靠盆前沿的位置，在黄栌树干后面放置有一定特色的枯木，呈"枯木逢春"画面。该照片于 1999 年 4 月拍照（我在封闭向南的阳台上莳养此盆景，2 月新芽萌发）。

图 2-181 枯木逢春（黄栌） 马文其作

5. 2000 年春，将"枯木逢春"黄栌移植到方高紫砂盆中，精心莳养，到 2001 年春，长出众多花蕾时拍照。在盆中栽培黄栌，能长出这么多花蕾，非常少见，见图 2-182。

图 2-182　含苞待放（黄栌）　马文其作

6. 2002 年春，把黄栌树桩栽入六角形紫砂盆中适当靠前沿的位置上，在树干后面放置有一定高度的斧劈石。春季叶片丰满时拍照，如下图"悬崖飞瀑"画面。将较细树干和山石融入一盆之中，有蔽丑扬美之奇效。

图 2-183　悬崖飞瀑（黄栌）　马文其作

7. 2003 年春，将上述黄栌植入八角紫砂盆中靠右侧的位置，剪短树干，蟠扎，细心莳养，盆面栽种小草。7 月初把全部叶片全部摘掉，几天后萌发新叶，夏季长出的叶片比春季长出叶片要小。新芽萌发，给观赏者以春意融融的感受。

图 2-184　春意盎然（黄栌）　马文其作

8. 2004 年春，把上述黄栌树桩栽入八角形高深盆中，为求得黄栌树桩外形变化，用蟠扎、牵拉之法使长枝下垂（因黄栌枝条比较柔软，4~5 年生的枝条用普通蟠扎方法就可有较大变形），图 2-185"寒树"为 2004 年黄栌落叶后。为遮挡较细树干，放置一块黑白两色山石。

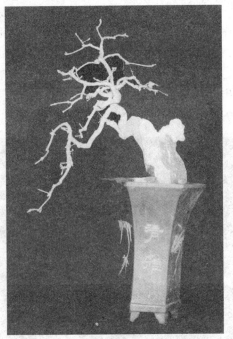

图2-184　寒树（黄栌）　马文其作

9. 2006年春,把"寒树"黄栌左侧下垂枝条剪除,重新蟠扎、造型,细心养护。到11月初叶片变红时,在树干前放置一块长条状、上端有一定弯曲的灰褐色山石,把树干中下部遮挡住,在盆左侧空旷处放置一吹笛仕女,使景物显得更具生活气息,故题名"笛声一曲红叶情"。

图2-185　笛声一曲红叶情（黄栌）　马文其作

这株黄栌从1983年幼树开始培育、造型,到1997年拍照,10年间摄得9幅造型不同、树叶色泽不同的照片。9幅照片用7个不同形态的紫砂盆。由此可见创作者创作"一桩多景"盆景的良苦用心。

三、侧柏盆景的改型

这件侧柏盆景枝繁叶茂,树干向右侧倾斜,具有一定动势,但整体造型不够理想,需将侧柏树改型。

1. 改型前的侧柏盆景。

图2-186　改型前的侧柏盆景

2. 结合该株侧柏特点,春天树木发芽前将伸向右上的侧枝加工成伸枝,把树干右侧的树皮从下到上去掉一部分,下图是刚操作完的树相。

图2-187　根据立意进行艺术加工后树相

3.　除去伸枝和树干右侧的皮，涂上一层红霉素眼膏，以防止去皮切口处细菌感染和伸枝上出现裂纹，然后用两层塑料布条把树干包裹好。为减少枝叶消耗营养，剪除一部分枝叶。

图 2-188　把树干包裹好，适当剪除部分枝叶后树相

4.　在用塑料布条包裹树干期间，树干上不要着水，30 天左右去除包裹树干的塑料布条，精心莳养，半年后根据立意构图修剪枝叶，见图 2-189。

图 2-189　拆除塑料布条，莳养半年，
枝叶修剪后的树相

5.　加工操作第二年 7 月，对树冠枝叶进行修剪。这时左侧枝叶生长基本达到造型要求，不足之处是右侧枝条还不能满足造型需要。

图 2-190　改型第二年 7 月修剪枝叶后树相

6.　加工操作后第三年春修剪枝叶后树相。

图 2-191　改型后第三年春修剪枝叶后树相

7.　加工操作后第三年秋修剪后树相。

图 2-192　改型后第三年秋修剪后树相

改型操作后经过 3 年精心莳养、修剪等加工,基本达到对树形设计的要求。将图 2-186 和图 2-192 放在一起一比较,就会发现改型后的侧柏盆景无论从外形还是所蕴含的意境,都比改型前的盆景上了一个台阶。

造型观赏几年后,根据观赏需要再给这株侧柏盆景改型,使之达到一桩多景的观赏效果。

第三章 草本植物盆景制作与赏析

第一节 草本植物盆景概述

制作盆景的素材不仅仅限于各种树木，很多草本植物也是制作盆景的好材料。宋代著名诗人苏轼（东坡）在《格物粗谈》一书中有："芭蕉初发分种，以油簪横穿其根眼，则长不大，可作盆景。"清代苏灵著《盆景偶录》中，将盆景用植物分为"四大家"、"七贤"、"十八学士"及花草"四雅"（指兰、菊、水仙、菖蒲，它们都是草本植物）。由此可知，我国人民早在 900 多年前就有用草本植物制作盆景的历史了。

在现代生活中，我们常能看到自然、朴素、高雅的草本植物盆景，如兰花盆景、菊花盆景、水仙盆景等，其艺术感染力和人们对它的喜爱程度不逊色于树木盆景。用草本植物制作盆景与用树木制作盆景的主要区别有二：其一，草本植物价格较低，一般体态矮小。其二，不用更多的蟠扎、修剪。草本植物盆景利用各种植物的自然姿态、独具特色的叶片风韵、清香四溢的花朵和靓丽的色彩，制作出许多风格迥异的盆景佳作。

草本植物盆景常在盆中点缀有一定姿色、大小适宜的山石。因为，很多草本植物原本就生长在山野中与山石为伍，点缀山石后自然情趣更浓。如在兰花盆景中点缀一块山石，兰花叶片质软而弯，是柔的表现；山石质坚而硬，是刚的表现，从而使景物达到"刚柔相济"的艺术效果，更具韵味。

图 3-1 兰石图（兰花 英石） 马文其作

第二节 几种常见草本植物盆景的制作与赏析

一、菊花盆景

（一）植物学知识

菊花，别名有鞠、秋菊、金蕊、黄花等。

菊花是多年生草本植物，茎直立多分枝。幼茎为嫩绿色或略带紫褐色，成株略木质化。单叶互生，卵圆或长圆形；花为头状花序，着生茎顶。菊花品种很多，世界各地栽培品种逾万种，我国也有 3000 余种。不同品种的菊花花朵大小、形态、色泽各异。菊花花期 11 月，现亦有夏季开花的品种。冬季，地上部分老茎枯死，次年春再萌新芽。

（二）速成菊花盆景的制作

菊花不论大小，都要经过 10 余个月的培育才能开花观赏，现代人生活、工作快节奏，很多人特别是青年人没有空闲莳养 10 余月，在这期间还要浇水、施肥、修剪以及防治病虫害等一些养护管理工作。

速成菊花盆景苗木可在每年的 9~10 月

份，到花卉盆景市场购买生长健壮、花蕾丰满或含苞待放的植株较矮且有一定姿态的盆栽菊花。购回后，待盆土偏干时，将植株从盆中扣出，去除一部分根部土壤，根据事先立意构图将菊花植株栽种到紫砂盆内适当位置，用培养土把菊花栽种好，浇透水后放荫蔽处4~5天，再放半荫处3~4天，使植株复壮，然后放阳光充足处莳养。不用施肥，保持盆土湿润，不久花蕾开放，即可观赏，如图3-2。

图3-2 绿叶黄花秋景情（菊花）

（三）作品赏析

菊花是我国十大名花之一，被誉为国粹。自古以来，人们常以菊花傲霜绽放的精神象征中华民族不屈不挠的品格，它与兰、竹、梅称为"四君子"。

养菊、赏菊是我国民间的传统习俗，历代文人雅士都爱菊、咏菊。著名诗人白居易在《重阳赋菊》中曰："满园花菊郁金黄，中有孤丛色似霜。还似今朝歌酒席，白头翁入少年场"，抒发了他晚年欢乐的情怀。毛泽东主席在《采桑子·重阳》一词中写有"战地黄花分外香"的名句，还将中南海丰泽园的书房命名为"菊香书屋"。

（1）赏马文其菊花盆景"相映成趣"

下图"相映成趣"是由两株不同的菊花和燕山石制成。10月下旬或11月初，到花卉盆景市场购买含苞待放，花形、花色、叶片大小不一，且色泽有别、株形矮小的盆菊2棵，然后高低错落地栽种到扇形紫砂盆中，其养护管理同"绿叶黄花秋景情"盆景。

菊花盛开期，在左侧菊茎前放一块有两个山峰的燕山石，除遮挡较细菊茎外还可丰富画面内容，提高盆景的观赏性。然后将景物放置于姿态优美的根艺几架上，即成"相映成趣"菊花盆景。

图3-3 相映成趣（菊花、燕山石） 马文其作

（2）赏马文其先生石高菊矮式盆景"菊石图"。菊花的叶片和花朵质软，外形基本呈圆形，盆钵亦是圆形，这些都是柔的表现；山石质硬，外形边缘基本呈直线，是刚的表现。在菊花盆景内放置一块有一定高度和姿态的山石，使景物达到刚柔相济的艺术效果，画面也更丰富多彩。在盆下放一用树干锯成的片状几架，使景物更显自然，如养护得法可观赏30余天。

图 3-4 菊石图（菊花燕山石） 马文其作

图 3-5 调整果实后草莓的形态

二、草莓盆景

（一）植物学知识

草莓系蔷薇科，草莓属，多年生草本植物。枝多匍匐生长；小叶绿色，倒卵形，边缘有齿，背面和叶柄有毛；花期 3~4 月，花白色；果肉质多汁，初期为淡绿色，成熟时为暗红色，有香味，果期 5~7 月。

草莓喜光，光照不足植株仍能生长，但花少。喜潮湿、怕水涝、较耐寒、不耐旱，适宜生长温度为 8℃~25℃。草莓在富含腐殖质、排水良好的微酸性沙质土壤中生长良好。

（二）速成草莓盆景的制作

在花卉盆景市场售已结果的盆栽草莓。盆栽草莓有的是用白色塑料盆栽种的，购回后莳养几天，等部分果实变红，将塑料盆擦洗干净，根据草莓株形，将所有果实轻轻调整到观赏面，如图 3-5。

为了提高草莓盆景的观赏性，使景物更具生活气息，在草莓的左侧摆放一个弹琵琶的釉陶侍女。

图 3-6 琵琶弹唱丰收韵（草莓） 吕艺作

如果栽种草莓的盆钵是瓦盆，因瓦盆表面粗糙，粘有尘土和水渍，而且难以除掉。可选一个大小适宜的白色釉陶筒盆，草莓盆土偏干时，用培养土把草莓栽种到白色釉陶盆中，将果实调整到观赏面。

在盆右侧放一草莓叶片，放置两匹姿态不同的陶质马配件，即成图 3-7 画面。

图 3-7　尝（草莓）　吕艺作

（三）作品赏析

两件草莓盆景都选用白色、高低不一的盆钵。因为白色能将青翠的叶片和红艳的果实衬托的更加突出俊俏。

草莓盆景本是静态之物，在盆钵不远处放置马匹配件，使静态的景物有了动感，给观赏者留有更加广阔的想像空间。如果把景物放置于一个做工精细、高矮适宜、长短得体的几架上，使景物和配件形成一个有机整体，观赏效果更好。

赏草莓盆景：翠绿的叶片、洁白如雪的花朵、红艳心形果实、芳香四溢的果味，给人一种赏心悦目之感。

三、兰花盆景

（一）植物学知识

兰花，别名有山兰、幽兰、兰草、香草等，为多年生草本植物。根粗壮肥大，有的有菌根与之共生。

兰花的茎有两种：一是根茎，在根和叶相接处常有一个膨大多节的假球茎，假球茎储藏水分和养分，还有衍生新球茎的能力；另一种

茎为花茎，又称花葶。

兰花的叶有两种：一种是从假球茎抽生的正常叶，呈带状，全缘或有细锯齿、革质、平行脉，叶面多呈暗绿色，具有较高的观赏性；另一种叶是着生于花茎上的变态叶，基部为鞘状，起保护花蕾的作用。

花单生或成总状花序，花梗上着生多个苞片。花冠由三枚萼片和三枚花瓣及蕊柱组成。花两性，有芳香。因品种不同，花形不一，花色亦有别。花后结实，成熟时为黑褐色。

（1）裸根开花时的兰花形态

（2）兰花与山石融为一体

图 3-8　摘自清康熙年间《介子园画传》

兰花原产中国，已有 1400 余年的栽培史。现兰花分布很广，品种很多。

兰花喜阴，忌阳光直射。忌高温、干燥、煤烟。喜肥沃、排水良好、富含腐殖质的微酸性沙质土壤。

（二）兰花盆景制作

制作小型兰花盆景，常选用我国人民栽培历史悠久、应用比较广泛的春兰。

用兰花制作盆景，多与有一定姿色的山石相结合，仿中国绘画中"兰石图"的布局方法。在盆钵的一端或左右，栽种高低不一的几株兰花，在盆内适当位置放一两块形态及纹理优美的山石，见图3-9。造型时注意，兰花与山石高度不等，如果兰与石等高，主次不分，则意境不美。

（1）兰高石矮式（兰花、英石）　吕艺作

（2）石高兰矮式（纹石、兰花）　马文其作

图3-9　两件配石兰花盆景

随着时代发展，科学技术的进步，人们追求个性和创新，盆景容器有了大的变化，如一些盆景艺者利用轻便而较坚固的塑石盆（又称人造石盆）、海螺壳、釉陶小动物模型摆件等为容器来制作兰花盆景，新颖独特而别具一格，受到广大盆景爱好者的青睐，见图3-10。

（1）用塑石盆栽种兰花

（2）底部已打孔洞的海螺壳

（3）用海螺壳栽种兰花

图3-10　用两件不同容器制成的兰花盆景　闻琪作

制作兰花盆景，多在每年3~4月进行。剪除兰花枯根、断根、烂根，根据兰花株数多少、植株高低，构思后将兰花栽种到大小、深浅适宜的容器中的适当位置。

（三）作品欣赏

兰花叶美花香、形态优雅，它与菊花、水仙、菖蒲并称"花草四雅"。兰花素有"天下第一香"、"花中君子"的美誉，是历代文人墨客题吟描绘的对象。孔子是最先爱兰的名人。《乐府诗集》中载："孔子自卫返鲁，隐谷之中，见香兰独茂，喟然叹曰，夫兰当为王者香草，今之独茂与众草为伍。"唐太宗李世民非常喜爱兰花，并写有《芳兰》诗："春晖开紫苑，淑景媚兰场。映庭含浅色，凝露泫浮光。"

现代爱兰名人首推朱德元帅，他不但自己爱兰，还十分关心祖国艺兰事业，积极提倡建立兰圃，他在《咏兰》诗中曰："幽兰吐秀乔林下，仍自盘根众草傍。纵使无人见欣赏，依然得地自含芳。"

（1）雅趣（兰花　海螺壳）　马文其作

（2）风姿潇洒（兰花　釉陶盆）　马琳作

图 3-11　两件不同容器和造型的兰花盆景

图 3-10（1）"相依"是由两丛兰花和连体塑石盆组成。兰花的叶片带状细长，大多拱形下垂，体态优雅，气宇轩昂。微风吹拂，长叶摇曳，婀娜多姿。连体塑石盆，右侧盆面大，左侧盆面小，盆侧面好似千层石，有多个横向皱折。两盆中兰花大小不一、高低错落，主体组兰花植株多而密，客体组兰花株少而疏，产生有疏有密的艺术效果。

右侧大盆中的兰花，有几个较长叶片伸向左侧小盆兰花上部，长叶下垂部分和小盆兰花叶相接触，两者形成一个整体。塑石盆放置于长方形几架上，使景物达到"一景、二盆、三架"完整的艺术效果。

图 3-11（2）"风姿潇洒"。该件作品自然大方，构思别致而有韵味。景物中的兰花叶片，苍翠茂盛，具有不同的弯曲度，呈拱形下垂状。在较高白色釉陶兰花专用盆钵的衬托下，景物显的高雅俊俏，惹人喜爱。盆的下部放置一个木片托架，对整个盆景起到一定的衬托作用。

四、文竹盆景

1. 植物学知识

文竹，别名云片竹、云竹等，多年生草本植物。根梢肉质化；茎丛生，细而光滑；叶状枝纤细而簇生，层叠如云，水平排列，鳞状片；秋季开白色小花，花两性；浆果球形，紫黑色。

变种有矮文竹，茎丛生直立，叶状枝细密而短，制作盆景常选此种文竹为素材。

文竹不耐寒、不耐旱，喜湿润、半阴、较温暖的环境，在疏松、肥沃、排水良好的沙质土壤中生长良好。

（二）盆景制作

春季将大小、高低适宜的盆栽文竹从盆中扣出，剪除枯根，根据立意构图，把3丛文竹栽种到长28厘米的较浅长方形紫砂盆中。在盆后沿中间处的那丛文竹左右侧放置大小不一的两块千层石；在盆前沿内放置大小不一、疏密不等的5只羊的摆件，盆下放一得体几架，即成图3-12的景象，展现朝气蓬勃、欣欣向荣、兴旺发达的画面。

图 3-12　欣欣向荣（文竹）　马莉作

根据立意构图，将高低有别、形态不同的两丛文竹栽种到长 32 厘米的船形塑石盆内（栽种前先在盆底用电钻打孔洞，以利排水），在船头放一坐式老翁，船的左前方放一行走少年，即成图 3-13"爷爷坐船头，孙子岸边走"文竹盆景。

图 3-14　垂钓（文竹）　吕艺作

然美景的一种娱乐活动，该景展示一老翁在水边垂钓，安渡晚年的快乐情景。

在长 8.5 厘米的椭圆形紫砂盆右侧用培养土栽种一丛大部分茎叶向左侧倾斜的文竹，在文竹左侧点缀一小亭，使画面内容更加丰富，衬托得文竹更加高大。

用电钻在紫砂壶底部打两个孔，用培养土把高低有别、动势都向左侧的两丛文竹栽种到紫砂壶中适当靠右侧的位置。

两盆文竹莳养复壮后，挑选一个高低连体的根艺几架，根据立意构图将两件文竹盆景放置在根艺几架上，即成图 3-15 的形态。

将高低、大小不同的两丛文竹栽种到长 38 厘米的不规则汉白玉浅盆中，在较矮文竹左侧盆土上放置垂钓鱼翁配件，即成图 3-14 "垂钓"。

随着我国经济的快速发展，人们生活呈现多样化，休闲垂钓成为人们放松身心、欣赏自

图 3-13　爷爷坐船头，孙子岸边走（文竹、塑石盆）马文其作

图 3-15　架上春光（文竹）　闻琪作

（三）作品欣赏

文竹枝叶纤细,如云片重叠,姿态潇洒、清雅秀丽,令人赏心悦目。

"爷爷坐船头,孙子岸边走"、"垂钓"、"架上春光"盆景立意、构思、造型、用盆等都有新意,给观赏者耳目一新的感受。

五、水仙盆景

（一）植物学知识

水仙,别名有玉铃龙、金盏银台、凌波仙子等,为多年生草本植物。

水仙鳞茎为卵圆形,外被棕褐色干枯鳞茎片包裹,主鳞茎球左右两侧或四周由一到多个小鳞茎球(又称子球)组成。鳞茎球由鳞茎盘和肉质鳞片组成。鳞茎盘上生长多个芽,着生鳞茎球中心的芽称顶芽,又称主芽;着生主芽两侧的芽称侧芽。主鳞茎球内的芽基本排在一条直线上,每个芽有 5 个左右叶片,花葶从叶丛中抽生,由花苞和花梗组成。鳞茎盘底部外圈生有多层须根。

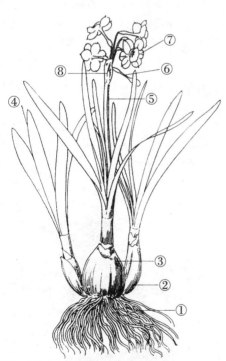

①根系②子球③主鳞茎球④叶片⑤花梗⑥花蕾
⑦花朵⑧花的苞膜

图 3-16　水仙各部分名称

一个鳞茎球一般有 2~7 个花葶,每个花葶有 3~9 朵小花。中国水仙有两个品种:一是单瓣花,有花瓣 6 枚,又称"金盏银台";另一种是复瓣花(也称重瓣花),有花瓣 12 枚,又称"玉玲珑"。不论单瓣花还是复瓣花,花后都不结实。繁殖用子球进行,一个子球经过 3 年精心培育才能成为孕育有多个花朵的商品鳞茎球。

图 3-17　中国水仙单瓣花

图 3-18　中国水仙复瓣花

水仙性喜温暖、湿润的环境,忌炎热高温,尤喜冬暖夏凉。

（二）盆景制作

近 20 余年来,水仙花已成为我国人民新春佳节的应时花卉，随着人民生活水平的提高，水仙盆景受到更多人们的喜爱。

水仙盆景的制作程序

（1）立意　雕刻制作水仙盆景有因意选材和因材立意两种方法。①因意选材：如果你想雕刻制作一个水仙花篮，就应挑选主鳞茎球两侧各有一个较大子球的鳞茎球。②因材立意：如果朋友送的水仙鳞茎球，就要根据鳞茎球形态先立意，后雕刻制作。

（2）雕刻日的选择　在北京地区，如在封闭向南阳台上莳养水仙，白天的平均温度在 13℃ 左右，夜间最低温度 3℃ 左右，宜在春节前 43 天左右雕刻。如果白天平均温度在 15℃ 左右，夜间最低温度在 7℃ 左右，宜在春节前 36 天左右雕刻。

（3）鳞茎球的挑选　①看外形：外形丰满，枯鳞茎皮呈深褐色而完整，子根符合造型需要，新根未长出，主芽长 3~5 厘米。②掂重量：将无泥土的两个大小基本相同的鳞茎球放在手掌中掂一掂，重的要比轻的好。③量主鳞茎球的周长：主鳞茎球周长在 25 厘米以上（称 10 桩）有花葶 7 个左右；周长在 24.1~25 厘米（称 20 桩）有花葶 5 个左右；周长在 23.1~24 厘米（称 30 桩）有花葶 3 个左右。

所谓"桩数"，指在特定容积的竹篓或纸箱内，能放满多少个鳞茎球就是多少桩。10 桩大，30 桩的小。

（4）雕刻工具及用途

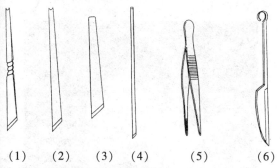

（1）（2）（3）（4）（5）（6）

（1）两用水仙雕刻刀（2）自制两用水仙雕刻刀（3）削铅笔刀（4）刻字刀（5）尖嘴镊（6）传统雕刻刀

图 3-19　水仙雕刻工具

雕刻水仙鳞茎球的工具、样式不一，下面介绍几种常用雕刻水仙工具。

①两用水仙雕刻刀。刀长 15 厘米，宽端在 1.5 厘米左右，常用斜刀刃在根盘上 1 厘米左右处划刻出与根盘平行的弧线，以及剥鳞茎片，刻叶包片、削叶缘等用；另一端宽在 0.5 厘米左右，呈半卷刃刀，常用它削花苞两侧的叶缘，去除菱形鳞瓣，削花梗用。为了外形美观，在刀的中间部分加工成麻花状。这种雕刻刀在漳州地区有时能买到。

②自制两用水仙雕刻刀。有的地区难以买到传统两用水仙雕刻刀，可用厚 0.3 厘米左右、长 15 厘米、宽 1.5 厘米左右不锈钢板加工制成，样式参照两用水仙雕刻刀，只是刀中间麻花状起美化作用的部分难以制作出来，但不影响使用。

③削铅笔刀。有一些业余水仙雕刻爱好者，因条件所限，难以得到上述两种刀具，可用削铅笔刀代替，用此刀划刻根系上弧形雕刻线，剥鳞茎片，刻叶包片等用。

④刻字刀。此刀刃窄、刀身细长，用它来代替两用雕刻刀，但用时要特别小心。

⑤尖嘴镊子。镊子口部呈凹凸变化的才好用。常用尖嘴镊子清理雕刻面的碎片，特别是两个叶芽间的碎片，用尖嘴镊子配合盖脱脂棉，调整叶片等。

⑥传统雕刻刀。漳州地区水仙雕刻者常用。

（5）雕刻顺序　当代水仙造型（是水仙盆景另一种称呼）款式繁多，各地区造型也有差别，但水仙基本雕刻技术是相同的，有"造型水仙三分刻、七分养"之说。下面将水仙雕刻的基本顺序加以介绍。

①去枯鳞茎皮和底部泥土（从花卉盆景市场购得的水仙商品鳞茎球底部有较大一块泥土）。主鳞茎球及子球都包裹着枯鳞茎皮，雕刻前要把底部泥土和枯鳞茎皮全都去除。

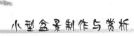

泥土

(1)去除底部泥土和枯鳞茎皮前形态

(1)主鳞茎球下部划出弧形切线

(2)去除底部泥土和枯鳞茎皮后形态

图 3-20　去除底部泥土和枯鳞茎皮前后的鳞茎球

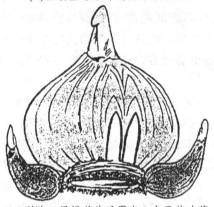

(2)剥除 2 层鳞茎片后露出 2 个无花叶芽

图 3-21　剥主鳞茎球下面鳞茎片

②剥鳞茎片　图 3-20(2)右侧有两个子球,根据造型需要,把右侧向下生长的子球去除,主球两侧各有一个子球。用削铅笔刀或两用水仙雕刻刀,先在根上 1 厘米左右处划出与底部平行的一条弧线,即成图 3-21(1)的形态,然后竖起雕刻刀轻轻垂直切入,以切断 2 层鳞茎片厚度为好。逐层去除弧线上的鳞茎片,有时去到 2 层或 3 层鳞茎片后,常遇到从根盘上生出扁圆形 1~3 个无花苞的叶芽,如图 3-21(2),要将其及时切除,以免影响下面操作。

逐层剥除弧形线以上鳞茎片,直到主鳞茎球全部叶芽露出为止。在这一雕刻过程中,主芽两侧有时有两端尖、中间宽的菱形鳞瓣,这种鳞瓣内既无叶片更无花苞,应将它及时去除,保留后半部鳞茎片,作后壁用。

③刻叶包片　用削铅笔刀或两用雕刻刀的斜刃刀尖,在叶芽两侧从上到叶芽基部轻轻将叶苞片划开,用尖嘴镊子把叶芽前半部苞片去除,叶芽后半部分叶苞片保留,和后半部分鳞茎片作后壁,如图 3-22(2),淡绿色叶芽前半部已露出。

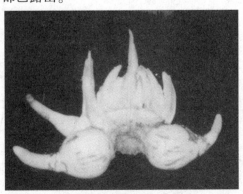

(1)去除鳞茎片后露出叶苞片

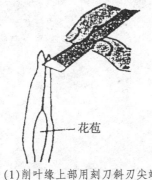

(2)去除叶苞片后露出淡绿色叶片
图 3-22 叶苞片刻除后的鳞茎球形态

④削叶缘 根据立意造型的需要，用两用水仙雕刻刀的斜刃尖端，从叶缘远端开始削去1/5 至 1/4 不等的一部分，到花苞两侧时用刻字刀或两用雕刻刀半卷刃端从叶缘一直削到叶片基部。削叶缘时先削外层叶片，再削内层叶片。一般讲，外层适当削的多点，内层削的少点。特别应引起注意的是不要把花苞膜弄破，否则前功尽弃。

花苞

(1)削叶缘上部用刻刀斜刃尖端

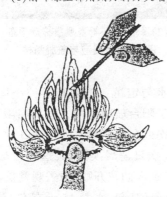

(2)下部用刻字刀或半卷刃端
图 3-23 削叶缘的操作

⑤削花梗 削花梗是水仙雕刻中的关键步骤。削花梗时要特别细心，因为这时花梗既短小又脆嫩，削的大小、深浅、长短，对日后造型影响较大。削花梗和削叶缘一样可达到两个目的：其一，使花梗变矮，不雕刻的花梗一般高25~45 厘米，雕刻后的花梗高度可随人意；二是花梗弯曲朝向造型的方向，想要花梗朝哪个方向弯曲，就削花梗的哪一面。

削花梗常用方法：在花梗基部上 1 厘米左右处向下切除一盾形薄片，深度 0.5~1 毫米。用通俗的说法，就是把花梗削去牛皮纸那样厚度，宽度在 0.3 厘米左右。削花梗常用两用水仙雕刻刀、半卷刃刀或刻字刀来进行。

(1)削花梗示意图

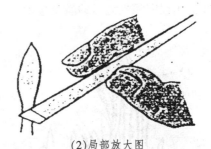

(2)局部放大图
图 3-24 削花梗

⑥子球的处理 一般主鳞茎球的四周都有几个大小不一的子球，凡造型不需要的及时去除。因为这些子球大部无花(10 桩、20 桩较大子球有的有花)，所留子球是否雕刻按造型需要而定。如较大子球需雕刻而且有花，按主鳞茎球雕刻程序进行，如果无花，雕刻方法就比较简单了。先在距底部 1 厘米左右处横切一刀，深度达子球的 2/5，然后再从芽顶端竖切一刀，去除 1/3 左右子球鳞茎片，见图 3-25。

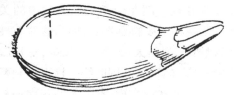

(1)距子球底部1厘米左右处竖切一刀

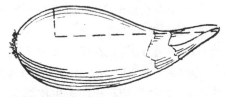

(2)在子球厚1/3处和子球中轴线平行横切一刀

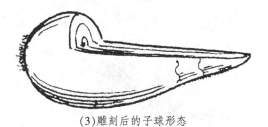

(3)雕刻后的子球形态

图3-25　无花子球雕刻示意图

按上述程序雕刻完后的鳞茎球形态。

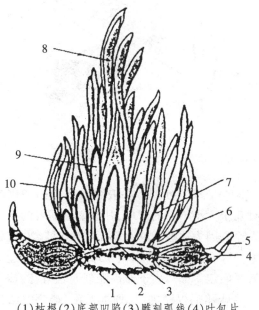

(1)枯根(2)底部凹陷(3)雕刻弧线(4)叶包片
(5)叶芽(6)花梗(7)花苞(8)雕刻后叶片
(9)菱形鳞瓣位置(10)鳞片

图3-26　雕刻完成后水仙鳞茎示意图

(6)水仙雕刻后的养护

①浸泡盖棉　雕刻后把刻伤面向下,放入水深8厘米左右的塑料盆中24小时,然后把鳞茎球拿出,去除刻伤处渗出的黏液,刻伤处盖一层脱脂棉,同时也把根部盖住,刻伤面向上平放塑料盆中,先向刻伤面和脱脂棉喷清水,再向盆内放清水到刻伤面略低一点位置为好。放蔽荫处7天,每天向鳞茎球刻伤面和脱脂棉上喷水2~3次,每晚将盆中水倒掉,次日清晨放入清洁自来水。

(1)刻伤面向下放入水盆中

(2)浸泡24小时盖脱脂棉后形态
图3-27　浸泡与盖脱脂棉

②换水与定植　把荫蔽养护一周后的鳞茎球放置于阳台玻璃窗内,根部向阳光方向,每天向刻伤处和脱脂棉上喷水2~3次,晚间将盆水倒掉,次日清晨换清水,这种方法一直坚持进行,直到水仙花开败,失去观赏价值为止。

从雕刻日算起,水养15天左右,新生根长到4厘米左右长时,根据不同造型要求分盆水养,所谓"三分刻、七分养"从此就开始了。图3-28中"花篮献寿"和"玉象驮花"造型差异很大,但雕刻方法基本相同,只是新生根长到4厘米左右时,养护方法就不同了。

(1)花篮献寿

(2)玉象驮花

图 3-28　花篮献寿与玉象驮花　马文其作

下面介绍"花篮献寿"定植与水养。当新根长到4厘米左右时,把鳞茎球放置在底部较小、中间大的传统养水仙釉陶盆中,如图3-29。每晚将盆中的水倒掉,如图3-29(2)那样,次日晨放清水。养护到大部分花蕾开放时,经加工即成图3-28(1)"花篮献寿"。

(1)把根长4厘米左右的鳞茎球放置于传统水仙盆中

(2)晚间将盆水倒掉

图 3-29　定植与换水

③光照与控温　雕刻后放荫蔽处养护一周后,将鳞茎球放阳光充足处水养,每天阳光照射最少4小时,全日光照最好。生长发育期,白天平均温度在13℃~15℃为好,夜间最低温度只要在零摄氏度以上就行,但不要高于8℃。

当60%左右花朵开放,进入观赏期时,白天光照2~3小时后若能放置在8℃左右的荫蔽地方，晚间温度在 5℃左右，花期可达 18 天左右。大部花开后，若一直放在室温 18℃左右的室内，花期 6 天左右即失去观赏价值。

(三)作品赏析

图 3-30　满院春色(水仙)　马文其作

水仙，又称水仙花，自古以来就是我国名花。在千里冰封、百花凋谢、群芳养息的严冬，即使"岁寒三友"此时也黯然失色。松竹虽有叶而无花，梅虽有花而无叶。这时水仙花绸衣缥裙，亭亭玉立，高雅清逸，清香远溢，令人心旷神怡，给人们带来一片春意，为新春佳节增添许多喜庆的气氛。如能适时得到上乘水仙鳞茎球，雕刻技术熟练，养护经验丰富，可制作出多种姿态的造型水仙盆景。

"满院春色"水仙盆景，是仿北京四合院形状的紫砂盆制作而成的。将雕刻后较重的鳞茎球放置在四合院盆前部，把雕刻较轻的鳞茎球放置盆的后半部。花开时前矮后高，错落有致，香味四溢，呈现满院春色、欣欣向荣的景致。别样的盆景和水仙花有机融为一体，提高了水仙盆景的观赏性，也弘扬了北京四合院的文化特色。

图 3-31　一枝独秀(水仙)　马文其作

"一枝独秀"水仙盆景，是用一个有花芽的子球，不经雕刻，放置于大小适宜的紫砂小盆中，经精心培育而成。花开后，展出观赏前，挑选一个与盆钵匹配的根艺几架，使盆景达到"一景、二盆、三架"的艺术要求。

该件作品看似简单，只有几个叶片和一枝花梗，当你静下心来细致观看后就会感到此盆景别有一番情趣。5 个叶片间距不等，形态各异；3 个花朵呈三角形；花梗藏在第三个叶片后，使景物达到有露有藏、疏密有致的艺术效果，成为具有较高观赏价值的艺术品。

图 3-32　春的呼唤(水仙迎春银芽柳等)　马文其作

"春的呼唤"是一件插花式盆景。它是用汉白玉盆钵为容器,以水仙的花、叶为主材,再配以迎春花、银芽柳等春天开花或呈绿色的植物为辅材,根据立意构图进行创作,它是将盆景的造型艺术和插花技巧融为一体的一种新的造型艺术。

文无定法。同样,水仙的雕刻造型也没有一成不变之规,要因人、因地、因材料灵活掌握。在了解水仙生长习性的基础上,再掌握好雕刻、养护、造型等技巧,定能创作出风格迥异的高水平盆景来。

第四章　山水盆景制作与赏析

山水盆景又称山石盆景，它是以自然界中的山石风景为范本，经过精选、提炼等艺术加工，在盆钵中表现层峦叠嶂、悬崖绝壁、江河湖海等景观的艺术品。

陕西省西安市郊中堡村出土的唐三彩砚，底部是一个浅盆，前半部是水池，后半部是群峰环立，山峰与水池相连，山峰上有数只小鸟。这件仅高 18 厘米的艺术品，显示了一幅优美的山水佳境，见图 4-1。

图 4-1　唐三彩砚

故宫博物院保存的一幅唐代画家阎立本绘的《职贡图》，图中呈现这样一个画面：在进贡的人群中，有一人手托浅盆，盆中立着一块造型优美的山石，这件作品和现代山水盆景很相似。唐代诗人有许多有关山水盆景的诗词，如杜甫的《假山》诗云："一篑功盈尺，三峰意出群。望中疑在野，幽处欲出云。"

图 4-2　唐代阎立本的《职员图》局部

宋代山水盆景更发达，无论在造型上还是用材上都有了新的发展。宋代很多杰出诗人、画家都是盆景爱好者，留有很多有关山水盆景诗篇。陆游诗曰："叠石作小山，埋瓮成小潭。旁为负薪径，中开钓鱼庵。谷声应钟鼓，波影倒松楠。借问此何许，恐是庐山南。"

明、清时代，山水盆景进入成熟期，制作技艺超前，山水盆景款式繁多。

小型山水盆景与大中型山水盆景相比，盆钵较小，石材较少，重量轻，易于搬动和运输，适合家庭居室、厅堂、饭店、宾馆客房等处陈设，适合不同年龄、不同阶层的人玩赏。小型山水盆景的立意、布局、构图、用材以及制作技艺和大中型山水盆景基本相同。

第一节　制作山水盆景常用石材

我国地域辽阔,地质构造多样,山石种类繁多,分布较广。近几十年来盆景艺者将制作盆景所用的山石分为两大类:松质石料和硬质石料。

一、松质石料

松质石料,又称软石、吸水石,其特点是质地疏松,能吸水,能生青苔,有利小草木的生长,易于锯截、雕琢等艺术加工,是初学山水盆景制作者的首选石材。

1. 芦管石。有微黄色、土黄色、黑土黄色等。芦管石又有粗、细两种,外形富于变化,石上有天然形成的孔洞。芦管石是由泥沙和碳酸钙形成的地表石灰质砂岩,除含泥沙和碳酸钙外,还含有部分植物残体。

图4-4　用芦管石制成的盆景　马文其作

芦管石主要产于广西、湖南、浙江、山西、安徽等地。

2. 沙积石。沙积石是泥沙和碳酸钙沉积凝合而成,因沙粒的质地不同,又有粗沙积石和细沙积石之分,见图4-5。

左侧3块为原始状,右侧3块为锯截面

图4-3　芦管石

芦管石根据硬度和吸水情况可分为三类:第一类,石块质地软而轻,吸水性能好,易折断;第二类,石块质地较坚硬而重,吸水性能差,不易折断;第三类,其质地坚固度、重量、吸水性基本介于上述两类石中间,制作山水盆景常挑选第三类山石。

右侧两块为粗沙积石,其余为细沙积石

图4-5　没有加工的沙积石

沙积石因产地不同而色泽不一,有土黄、灰褐、棕红等色泽。因含泥沙的多少不同,质地松硬有别,含泥沙多者石质较疏松,吸水性能好,但不坚固;含碳酸钙多的沙积石,石质坚硬,吸水性能较差,但石质坚固。主要产于广西、四川、湖北、浙江、安徽、山东、北京等地。

图4-6 用细沙积石制成的小盆景 马文其作

3. 水浮石。又称浮水石、浮石。水浮石是火山喷发时岩浆冷凝而成,因其质轻能浮于水面而得名,有白色、灰黄、浅灰、黑色等。浮石质地软硬度差别较大,大部分质地较软,吸水性能好。水浮石不像芦管石那样奇形怪状,也不像龟纹石那样具有天然纹理。用水浮石制作山水盆景,峰峦的形态以及纹理基本都是人工雕刻的。

图4-7 黑白两种水浮石

水浮石坚固度较差,不易用来制作大型盆

景。常用水浮石制作中、小及微型山水盆景。水浮石产于各地火山口附近,如吉林省长白山、延边,黑龙江省嫩江、五大莲池等地火山区。

图4-8 用水浮石制成的盆景 仲济南作

4. 鸡骨石。鸡骨石是石灰岩硫化矿物等露出地面后,经多年雨水冲刷和风化而形成的。因其色泽、结构与鸡骨相似而得名。鸡骨石呈不规则的孔洞,质地较软者吸水性能好,质地硬者吸水性能差。鸡骨石有红褐、土黄、乳黄等色,主要产于四川、安徽、河北、山西等省。

图4-9 鸡骨石

图4-10 用鸡骨石制成的盆景 马文其作

二、硬质石料

硬质石料种类比松质石料要多,其中大部分是碳酸钙形成的岩石,质地坚硬而重,不吸水,也难以加工。但硬质石料大多具有独特的纹理、色彩、形态、神韵,是制作山水盆景的上乘石料。硬质石料既可作大中型山水盆景,也可作小型、微型山水盆景,用途广泛,常用的硬质山石有以下几种。

1. 斧劈石。又简称劈石,属页岩类,有浅灰、深灰、灰黑、土黄、土红等色,有的灰黑色石中夹有白色条状岩石,称"雪花斧劈石"。斧劈石的纹理挺拔刚劲,表里一致,质地坚硬而脆。多呈条状或片状。斧劈石适合表现险峰峭壁、高耸入云的巨峰。斧劈石中还有一种质地较软者,可用钢锯锯开,也可用钢锯条断端在山石上划刻纹理,这种质地较软斧劈石石块较小,适合作小型、微型盆景。斧劈石主要产于浙江、安徽、贵州、江苏等省。

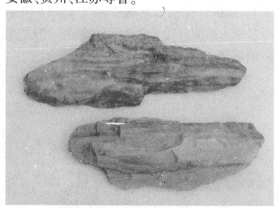

图 4-11 斧劈石

图 4-12 用雪花斧劈石制作的盆景 马文其作

2. 龟纹石。是石灰岩的一种。石灰岩表层长期裸露于自然界,因受日晒雨淋、自然侵蚀等,岩石不断胀缩,造成岩石表面相互交叉的裂纹,形成似龟背纹理状的岩石。龟纹石有深灰、褐黄、灰黄、灰白等色。龟纹石质坚而重,吸水性能差。龟纹石体态古朴、气势非凡,具有自然情趣,是人们喜爱而常用的山石之一。龟纹石适宜制作小、中型山水盆景、树石盆景、水旱盆景的水岸线。龟纹石产于四川、湖北、安徽、山东、北京等地。

图 4-13 龟纹石

图 4-14 用龟纹石制作的盆景 卢迺骅作

3. 木化石。又称树木化石,学名硅化木。木化石是古代树木因地壳运动被埋入地下,经过几千万年或数亿年的高温、高压硅化而成。形似树木纹理,实是化石。木化石质地坚硬而重,不吸水,难以锯截雕琢加工。制作山水盆景,多选取自然形态优美的木化石,巧妙搭配组合而成。木化石有浅黄、深黄、灰棕、灰白等色。因树木种类的不同，木化石的色泽、纹理也不相同。产于辽宁省义县、浙江省永康市、重庆市永川等地。

图 4-15　多种色泽的木化石

图 4-16　用木化石制作的盆景　刘天明作

4. 千层石。千层石是沉积岩的一种，深灰色或土黄色，中间夹有浅色层，层中含有砾石。外形凸凹不平，石纹理横向，形态奇特别致。千层石质地比较坚硬，不吸水。常用千层石制作成表现沙漠风光的旱石盆景，或用于树石盆景的配石，产于浙江、河北、山东、安徽、北京等地。

图 4-17　自然形态的千层石

图 4-18　用千层石制作的盆景　马文其作

5. 英德石。简称英石，因产于广东省英德地区而得名。英德石是石灰石经过长期自然风化、侵蚀而成。英石多为黑色或灰色，有的间有白色或浅绿色石筋。英石质地坚硬而重，不吸水，多数有正背面，正面风化得好，纹理清晰，体态嶙峋，背面较平淡。制作小型山水盆景时要慧眼选石，因英石质脆不能雕琢，所以要挑选纹理沟槽明显的长条状石，经锯截、拼接、胶合而成盆景。

图 4-19　用英德石制成的盆景　郝国良作

6. 燕山石。近 20 余年来，在北京市房山区发现一种硬质山石，其原始山石基本都是浅土黄色，石的纹理不明显，但在稀盐酸溶液里浸泡片刻，立刻就会显现出优美多变的纹理。纹理多呈大小、疏密不一的弧形，如图 4-20。燕山石属沉积岩类，埋藏于地下数米的粘土中，产量不多，用途广，所以上乘佳品不易得到。

北京西部山脉为燕山，所以该石命名为"燕山石"。燕山石多呈不规则的片状，自然石块长度10~30厘米居多，非常适宜制作小型山水盆景。

图4-20 多种形态燕山石

图4-21 用燕山石制作的盆景 闻琪作

硬质山石除前面介绍的几种外，比较常见的还有沙片石、灵璧石、钟乳石、石笋石、鹅卵石等。

图4-22 用钟乳石制作的盆景 杨科安作
胡平春供稿

图4-23 用鹅卵石制成的盆景 马文其作

三、代用材料

除上面介绍产于自然界的山石之外，还可利用一些代用材料来制作山水盆景。至于用什么代用材料要因地、因人而宜。假如你住在海边或经常到海边游玩，可以找一些大小不一的海螺、贝壳，经过立意构图，用白色水泥粘合，制成色泽艳丽、婀娜多姿的螺贝盆景，如图4-24。

图4-24 用海螺贝壳制成的盆景 吕艺作

如果你住在林区或经常接触到木材的地方，可以找一些苍老的树皮，如老槐树皮特有的色泽、纹理和结构适宜制作盆景。选择树皮时要注意三个方面：一是树皮要有一定厚度，一般应在1.5厘米以上；二是树皮表面要有类似山石的竖、横或斜纹理；三是树皮要有一定韧性，不易折断。至于树皮的色泽不必多虑，可用人工着色法，用毛刷将对好的颜料涂于树皮表层,过片刻再用一定比例的清漆、稀料混合液涂在树皮表面,色随人意,如图4-25。

图4-25　用树皮制作的盆景　吕艺作

建筑材料中废弃的泡沫砖块质软而轻,本身具有很多小孔洞,易于进行锯截雕刻等加工。泡沫砖不坚固,加工时不可用力太大,可用钢锯锯截,用钢锯条锯出竖、斜纹理,也可用钢锯条断端锐利部分雕刻纹理。为了日后在山峰下部栽种小树木,要用电钻在理想部打多个孔,然后加工成大小理想的洞或凹槽,放培养土栽种小树木。因泡沫砖较轻,为了立的稳妥,底部要用水泥沙浆粘合,图4-26是用泡沫砖制作的盆景。

图4-26　用泡沫砖制作的盆景　马莉作

另外,还可用煤石、枯木、暖气管外面保温瓦碎块等多种废弃之物,如能立意新颖,精心加工,制作出来的盆景亦有韵味。

第二节　山水盆景制作程序

一、立意

古代画论中有"凡画山水,意在笔先"。立意即构思,构思即创作者在孕育作品过程中所进行的思维活动。它包括确定主题,提炼题材,探索最佳表现形式等。构思常受文化素养、风土人情、个人特性等因素的影响。

山水盆景的立意有两种情况:一是浏览名山大川或受到一些事物启发后,用山水盆景的形式表现出来,也就是有了创作的欲望后,挑选适宜的石料来制作盆景。前些年,笔者在电视上看到国家表彰一批公安战线的英雄模范人物,被英模们的突出事迹所感动,想创作一件山水盆景抒发自己的情感。因为英模人物不是一两个,而是一大批,经反复思考后,命题"群峰竞秀"以此来进行创作,以表现英模人物刚直不阿、英勇顽强的高大形象。于是我挑选挺拔伟岸的几块山石制作成"群峰竞秀"山水盆景,见图4-27。

图4-27　群峰竞秀　马文其作

这种创作方法称"因意选材",能充分表达创作者的思想情感,但前提是要有多种石材才行,否则难以做到。

另一种创作方法称"因材立意",也就是先有了一部分山石,根据山石的多少、形态、大小等情况进行创作,很多业余山水盆景爱好者都是这种情况。"因材立意"的创作方法,思考如何充分发挥几块山石的特点,具有一定难度。

盆景的创作,它是一个人的生活实践、文化修养、对大自然的观察和盆景艺术知识以及制作技艺综合的产物。同是几块山石,不同的人,制作出来的盆景意境、韵味会有明显差别。要想创作的盆景具有画意诗情,就要"行万里路",到自然界中观察、体验,发现自然界中存在的美。下面两幅安徽黄山局部照片就表现出不同的自然美。

(1)主要表现山石与水融合的柔性美

(2)主要表现山石与树木融合的刚性美,山石和树干直立向上伸展

图4-28　两幅黄山局部照片表现出不同的美

另一方面还要"读万卷书",从园艺、雕塑、绘画、文学、美学、盆景书刊中吸取营养,从全国、世界级的盆景展览作品中得到启发。当一个盆景艺者,既有丰富的生活实践,又有较广博的盆景艺术理论知识,不论是"因意选材",还是"因材立意",都能创作出较高水平的盆景来。

二、选　材

所谓"选材"就是选择制作山水盆景的材料。在"因意选材"一节中已有详细介绍,不再赘述。下面要说的选材与"因意选材"不同,创作者没有特定主题,而是到石材现场,哪块山石或哪几块山石有特点就选那些山石,购回后再根据某块或几块山石的特点进行创作。宋代大书画家米芾提出"瘦、皱、漏、透"的选石标准,至今具有指导意义。

瘦、皱、漏、透,是对山石形态的要求。山水盆景是一种造型视觉欣赏艺术品,光形态美还是不够的,山石如能同时具备色泽美即是锦上添花。如用纹理优美的燕山石制成的山水盆景深受众多观赏者的好评,见图4-29。

图4-29　用燕山石制作的盆景　刘宗仁作

综上所述,挑选制作山水盆景的山石标准应为瘦、皱、漏、透、色五字方针为好,有待和同行们商榷。

其实,一块山石能具备其中的两三项也就不错了。如果能到山石原产地去购买山石,质量要比在花卉盆景市场买好一些,笔者

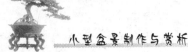
深有体会。

三、锯截与雕琢

锯截是制作山水盆景的基本功之一。要把一块山石底部锯平，不歪斜，没有锯截的基本功是难以做到的。若想把中小块山石底部锯平，首先确定锯截线，简便而准确的方法是把山石直立拿在手中，将要锯掉的部分浸入水中，迅速将山石拿出，在山石干湿之间用粉笔沿石四周划一条线，然后用锯沿粉笔线垂直锯截。

小块松质山石可用钢锯锯开，见图4-30。

图4-30 用钢锯把小块松质山石锯开

遇到大块松质山石，常选用手锯锯截，见图4-31。

图4-31 用手锯把较大块松质山石锯开

硬质山石质地坚硬，常用金钢砂轮锯。金钢砂轮锯有手持式和台式两种，前者较小，带着方便；后者较大，固定在架子上，见下图。

图4-32 台式金钢砂轮锯锯硬质山石

锯截时要把做山脚的小石块以及做山脚处平台的小石一起锯截开。不论是做山脚处3块小石或是做平台3块小石，都要高低不一、错落有致，这样制作出的山水盆景才自然有韵味，见图4-33。

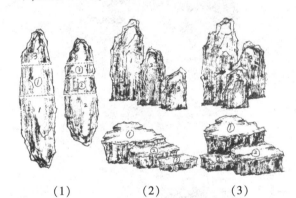

（1）	（2）	（3）

（1）划出两块长条状山石的锯截线。（2）3块小石及3块平台小石不正确的摆放方法。（3）3块小石及3块平台小石正确的摆放方法。

图4-33 山脚小石及平台小石的锯截及摆放

如果用一块较大的山石制作盆景时，首先确定主峰用石，用该块山石最优美的部分做主峰，因为主峰的好坏是该件盆景优劣的关键。

雕琢是制作山水盆景难度更大的基本功之一，但它的使用比锯截要少（因为相当多的硬石不用雕琢）。雕琢的技术更难掌握，用力要适当，不可把山石琢坏（因雕琢多是松质山石），雕琢的纹理、沟槽又要自然。所以，要求盆景创作者要勤于实践，这样才能雕琢出优美的纹理、沟槽。

山石的雕琢又分整体雕琢和局部雕琢。

整体雕琢 用浮石制作山水盆景，山峰上的纹理基本都是雕琢出来的。雕琢应先用小山子刀状端轻轻雕琢出纹理、沟槽的大体轮廓，再用小山子圆锥状端雕琢至理想程度。雕琢时至少雕琢山石的三面，即正面、左右两面，能雕琢山石四面当然更好。雕琢时还要注意，制成盆景后，距观赏者近的山石处的纹理要粗而深，远处山石上的纹理要浅而细，方显自然。

图4-34 用小山子在山石上雕琢纹理

局部雕琢 制作山水盆景的山石大部分有纹理或沟槽，局部需雕琢，如芦管石多数有自然的纹理以及沟槽，但锯截面比较平整，不够自然，这时就要对锯截面进行雕琢。

有时在较松山石的局部要加工出较深的沟槽，呈有一定弯曲的自上而下的走向，可用废弃的钢锯条进行加工，见图4-35。

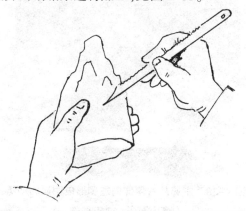

图4-35 用一段钢锯条在松质山石上加工出沟槽

为了日后在松质山石上栽种小树木和小草，常在山峰中下部雕琢出大小适宜的洞穴，雕琢时用力要轻，不可急躁，见图4-36。

(1)在山峰下部加工洞穴

(2)三株小树木

(3)栽种好树木，放置小船配件后的山水盆景

图4-36 在山峰中下部雕琢出大小适宜的洞穴后栽入小树木，摆放小船配件后的山水盆景

四、造型艺术表现

山水盆景是自然界山水草木的艺术再现，它融合了自然美与艺术美，更具诗情画意。五

代时期画家李成在《山水决》中曰:"凡画山水,先立宾主,决定远近之形,然后穿凿景物,摆布高低。"也就是说,山水盆景造型时,先确定主峰位置,主峰不宜在盆中央,不偏左侧就偏右侧;次峰置于主峰旁或隔水相望;配峰置主峰旁或次峰旁的适当位置,使整件作品高低错落、参差不齐。山水盆景的款式虽多,但在造型时都应遵循以下几种艺术表现手法。

1. 小中见大、主次分明。山水盆景造型艺术的主要表现手法之一就是运用"缩地千里"、"缩龙成寸"的手法把自然界的山、水、树木缩于小盆中,以达到咫尺之景展万里之遥的艺术效果。

图4-37　小中见大、主次分明的山水盆景(钟乳石)杨科安作

左侧主峰在众多较矮配峰的衬托下,显的更加雄伟挺拔,起到了小中见大、主次分明的艺术效果。

2. 疏密得当、虚实相宜。在山水盆景造型时,要注意山峰之间的疏密关系。概括地说,主体部分要适当地密一些,客体部分适当疏一些,要密中有疏、疏中有密。如山峰过密,把盆面塞的满满的,使人感到臃肿庞杂,没有韵味美感。如果盆中山峰过疏,山峰间失去呼应,显的松弛无力,给人一盘散沙的感觉。山峰之间的疏密到何种程度,是难以作出具体规定的。在不同款式的山水盆景中,疏密恰到好处的掌握主要靠盆景创作者的实践经验和审美特点来把握。

图4-38　主次峰间较密与配峰之间较疏的山水盆景(浮石)　仲济南作

疏密和虚实是密切相连的。过疏必虚,过密必实。山水盆景中的虚实主要指水与山石的关系。水为虚、山为实。山水画中都留有一定空白,这空白处就是虚,虚处不等于没东西,而是意在笔外,给人留有想像的余地。山水盆景中的水面如果较宽广显的过虚,可在水的适当位置摆放小舟或放几个小点石,不但弥补过虚的不足,还能增添盆景动的态势。

3. 静中有动、顾盼呼应。山水盆景是静态景物,如果只静而无动势就显的呆板没有情趣。上乘山水盆景应静中有动、稳中有险,这样才能显示出景物生动活泼。在山水盆景中,山为静而水常给人以动感,所以山水盆景中的山峰不要在一条平行线上,应前后错开,使盆面水呈"S"形为好。造型时主峰不在盆中央,不偏左即偏右,客峰适当小些,纵观整个画面,就会形成主峰倾向客峰的动势。

图4-39　主峰从右侧伸向左侧形成明显的动势(燕山石)　刘宋仁作

一件上乘山水盆景,不但要有动势,还要有上下或左右的顾盼呼应,使景物的意境更深、情趣更浓。山水盆景中的景物都不是孤立存在的,它们之间存在着有机的联系,这种联系是通过呼应来实现的,盆景中各部分只有顾盼呼应,才能形成一个整体。

图 4-40　主次峰动势向左侧,石上人物配件亦向左（燕山石）　马文其作

上图燕山石盆景中的主、次峰的动势向左,站在悬崖石上的人物配件也面向左侧。如果主峰动势向左,次峰动势向右,那就行成背道而驰,使盆景没有了观赏效果。

上面介绍了几种山水盆景造型艺术的表现方法。除上述外,还有以简胜繁、欲露先藏、曲直和谐、刚柔相济等。多样的制作方法与表现技巧要靠创作者勤实践、多思考获得。

五、组合与胶合

一块或几块山石,根据立意构图的需要,进行锯截和必要的雕琢之后,需将山石进行组合。如在山石锯截或雕琢过程中,对山石的结构估计有误,很难加工出预想的形态,这时常用的方法有三个:其一,如果石料充足,另选一块同类形态的山石继续加工;其二,改变原先的构图,重新设计;其三,万不得已,将断裂的山石用粘合剂粘合牢固。粘后的山石,松质山石以不影响吸水和观赏;硬质山石以不影响观赏为好。

1. 组　合

(1)松质山石的组合。以水浮石为例,选一块基本呈椭圆形的水浮石,观石后立意构图,

制作一个平远式山水盆景。根据构图将浮石锯截成大小不等的 10 块小石,见图 4-41(1)。然后雕琢成构图需要的形态,见图 4-41(2)。根据立意构图组合好的画面,见图 4-41(3)。

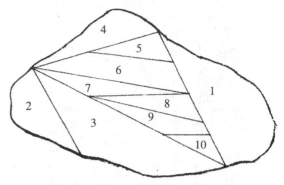

(1)一块基本呈椭圆形的浮石

(2)根据构图把山石锯截成大小不等 10 块

(3)根据构图组合好的画面

图 4-41　水浮石的锯截组合

(2)硬质山石的组合。以斧劈石为例,斧劈石多呈长条片状,纹理挺拔刚劲,表里一致,用斧劈石制作盆景,选好山石后,只需锯截即可,不用雕琢。

图 4-42(1)中 4 块长条片状斧劈石,是根据立意构图挑选来的,将 4 块山石锯截成大小不等的 8 块山石,另加 3 块小平台用石。

图 4-42(2)根据构图,在长椭圆形浅盆中把锯好的 8 块山石按位置组合好。该件作品主峰组在盆钵左侧适当靠盆后沿的位置上;3 块平台小石呈不规则的品字形摆放在主体组山石的右前方;最矮居小石放置右前方,似台阶

一层。主体组的山石基本呈左侧高右侧矮,动势向右;右侧客体组的几块山石外形左侧矮,右侧略高,好似主人迎客,两组山石有了呼应,观赏效果较好,见图4-42。

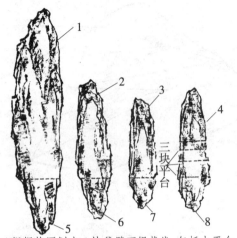

(1)根据构图划出4块斧劈石锯截线,包括水平台3块小石

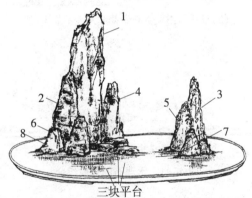

(2)根据构图将8块大小不一的山石和3块小石组合成主、客两组峰峦

图4-42　4块斧劈石锯截组合后的盆景

2.胶　合

山石锯截、雕琢之后,山石上附有小碎石或粉,小块山石放入水中洗刷最好,大块山石先用铁刷再用毛刷刷洗干净,然后用水冲洗一遍,以增加胶合的牢固度。

胶合山石使用的粘合材料最常用的是水泥、细沙、自来水、107胶水。根据山石不同色泽加入适量颜料,使调合好的水泥沙浆色泽尽量与山石色泽接近。

山水盆景胶合方法是,根据立意构图,在事先选好的盆内胶合。为不使山石和盆面粘住,胶合前先在盆面铺1~2层纸,用少许水浸湿贴于盆面,胶合牢固后,再配大小、宽窄适宜的盆钵。

胶合时的顺序:先确定主峰的位置,将主体组(主峰所在组)峰峦坡脚胶合好后,再胶合客体组的峰峦、坡脚。胶合时一定要特别重视坡脚小石的处理,坡脚小石不大,但在山水盆景中表现意趣的作用却不小。为使盆景自然、虚实得当,在盆面上疏密、间距不等放置几块大小不一的点石,等胶合牢固后,去除盆面纸张。

图4-43　平远式山水盆景中的坡脚点石　仲济南作

硬质山石在胶合时要注意留出大小适宜的洞穴,以备日后栽种植物。为使所留洞穴空间胶合时不被水泥沙浆侵占,最好在胶合前,用纸包裹湿泥放于洞穴,等胶合牢固后再将纸和泥土挖出。山石胶合好后,在胶合的水泥沙浆上撒锯截时掉下的山石粉末,使胶合处的痕迹不太明显。胶合几小时后,放荫蔽背风处,每日向山石喷水2次,因为水泥凝固过程中需要一定的水分。凝固阶段不要搬动或震动,以免影响胶合效果。

六、绿化与点缀

1.山水盆景的绿化

自然界中的山石总离不开草木,山水盆景同样不能没有植物。中国古代画论中有"山之体、石为骨、树木为衣、草为毛发、水为血脉……寺观、村落、桥梁为装饰也",以及"石本顽,树活则灵"等论述。从以上论述中可以看出,山石与树木之间的紧密联系。

图4-44 黄山风光 山石上生长着许多苍翠的松树
和旺盛的小草 解秀纯供稿

图4-45 长有铁线草、文竹、青苔的芦管石盆景
吕艺作

山水盆景中的绿化包括栽种、种草、生苔
或植苔几个方面内容。在山水盆景绿化时要注
意比例协调，古代画论中有"丈山尺树，寸马分
人。远人无目，远树无枝。远山无石，隐隐如眉。
远水无波，高与云齐"。"丈山尺树，寸马分人"
比例关系是大了些，在各种款式的盆景中，树
木和山峰的比例只有在实践中逐渐摸索积累
经验才能灵活、恰到好处地掌握。

青苔能增加山水盆景的自然美，使松质山
水盆景生苔的方法很多，简单而实用的方法有
二：其一，液肥生苔法。把已制作好的松质山水
盆景放入2~3厘米深的盆中，盆体保持不断
水，每4天左右向山石喷腐熟稀薄的有机液肥
一次，连续3次。盆外用玻璃或透明塑料袋罩
好，夏季放置在可见散射光或早晚能见阳处，
30天左右可生青苔。其二，淀粉生苔法。将松
质山石制成的盆景在雨水中浸泡4~5天，然后
在山石表面撒一薄层淀粉，用潮湿的草捆好，
夏季放潮湿处，8天左右生长一种绿色小植
物，好似青苔。

山水盆景（不论松质石料还是硬质石料）
制成后，如果急于展出观赏，除在洞穴内栽种
恰当的小草木外，还可选生长在潮湿荫蔽处的
薄苔，用铲获取，贴在山石凹陷沟槽、皱折等处
（欲贴青苔处，应先刷一层泥浆），每日用小喷
壶向草木及青苔处喷水两次，以促进草木青苔
的成活。

2. 山水盆景的点缀

一件山水盆景完工后，为使盆景更富生活
情趣和真实感，在峰峦的适当部位点缀几个小配
件是必要的。配件虽小，但在盆景艺术中的作
用并不小，如点缀得法，常有画龙点睛之效。

配件的种类很多，有人物、动物、建筑物，
如桥、塔、亭，还有船、舟、筏等水上交通工具。配
件的质地有陶质、釉陶、铅铝合金等材料。

山水盆景配件点缀，应注意以下几点。

（1）意境 点缀的配件要和景物所表现的
意境相符，才能提高盆景的观赏性，否则事与
愿违。如"丝绸之路"盆景中，点缀两匹有人骑
的骆驼，背靠主峰，眼望远方，给景物增色不
少，有画龙点睛之奇效，见图4-46。

图4-46 丝绸之路（千层石） 马文其作

（2）大小　配件的点缀，除起画龙点睛之外，还能起比例尺的作用。配件适当地小，能衬托出山峰的高大；若配件过大，峰峦显得不太突出，形成喧宾夺主的画面。

（3）数量　在小型山水盆景中点缀配件，不可过多，有两件左右即可，大型盆景中可适当多点。图4-47这件小型山水盆景，点缀一亭、一桥足已。

图4-47　小型玉石山水盆景中点缀两件配件即可
马琳作

（4）位置　在盆景中点缀配件的位置很重要，桥多放置于水面两块礁石之间，偶尔也有放置山峰中部两石之间的，塔一般不置主峰之顶，常置次峰或配峰之上。

除上面提到的之外，还有一些应注意的，如配件的色泽不可过于艳丽，在表现当代盆景的作品中，可放置楼房、电站、火车、汽车等配件，以充分反映时代特色。

七、盆钵与几架

1. 盆　钵

盆钵是盆景的重要组成部分，山水盆景常用的盆钵多为长方形或椭圆形浅盆。长方形浅盆显的大气，使盆中的山峰衬托的更加雄伟挺拔，椭圆形盆显的柔和优美。

就盆钵的质地来讲，绝大部分盆钵为石质，石质盆又分两种：石质结构比较粗糙的为大理石盆；结构细腻且白为汉白玉盆，尤以色黑如墨、细腻润泽的墨玉盆最为名贵。除石盆之外，还有紫砂浅盆、釉陶浅盆、塑料盆等多种质地盆钵，盆景使用石盆较多，其他盆钵用量都不大。

图左侧5个盆为汉白玉盆；下排中间盆为白色塑料盆；下排右下为白色釉陶盆；右上盆为大理石盆；其余三个色泽较深者为紫砂盆

图4-48　盆钵质地及形态

近年来出现一些边缘宽窄不一、弯曲随意的汉白玉和大理石盆钵，人们称其为"随形盆"。用这种盆制成的盆景，活泼多变，具有新意，见图4-49。

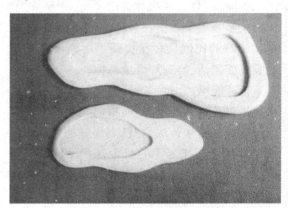

图4-49　两个汉白玉随形浅盆

2. 几　架

几架是盆景艺术的组成部分。盆景放置在做工精细，高低、大小得体的几架上，相互衬托，相映成趣，形成"一景、二盆、三架"完美的整体。

山水盆景所用几架一般较低，多数用木材制成，亦有用陶瓷、石材等料加工而成。几架色泽一般较深，如棕红色、褐色，较深色泽几架使景物显得稳重端庄。如果几架色泽浅淡，盆景造型处理不当，会造成头重脚轻之感。

左下4个"L"几架为陶瓷几架，其余为木质几架

图4-50 山水盆景常用几架

八、题 名

盆景制作完成后，若能题上一个既能贴切表现主题思想，又富有诗情画意的题名，对提高该作品的欣赏价值和品位有画龙点睛的作用。盆景的题名和国画题款一样，是我国文化艺术的一种表现方法。

山水盆景题名，常用以下几种方法：

1. 根据山峰的外形题名。如给独峰式山水盆景题名为"孤峰独秀"或"独秀峰"；给有众多峰峦的山水盆景题名"群峰竞秀"等。

2. 直接点明盆景的内容。如给表现沙漠景致的盆景题名"沙漠驼铃"，如图4-51。盆中山石置左右两侧，左侧为主体组，两峰骆驼置盆中央，面向主体组，人物置骆驼前，第三只骆驼在沙丘后露出头和颈的一部分，使景物显得更远，该件盆景立意构图逼真而有意境。

图4-51 沙漠驼铃（白云石） 马文其作

3. 以配件来给盆景题名。如在一件山水盆景中放置一小舟，可题名"孤帆远航"；如在一表现雪景的山水盆景中放置一垂钓老翁，可

题名"寒江独钓"等。

4. 用风景名胜给盆景题名。如一件山水盆景，山峰耸立并有广宽的水面（意像中的水面），在水面上点缀几只竹排配件，可题名"漓江晓趣"。

当然，给山水盆景题名的方法还有许多，那就要靠创作者的综合素养、切身体会和对景致的感受灵活发挥。

第三节 山水盆景制作实例

下图为龟纹石盆景的制作程序

（1）主石左侧面

（2）主石背面

（3）主石正面

(4)挑选出几块龟纹石

(5)几块山石松散组合

(6)几块山石组合完成

(7)把组合好的山石移入铺好牛皮纸的盆中进行胶合

(8)胶合牢固后去除山石下牛皮纸,山石沟槽植青苔,盆下配几架

(9)点缀配件,题名为孤山塔影的盆景

图4-52　小型龟纹石盆景制作过程

1. 根据立意制作一件小型龟纹石盆景:

(1)首先挑选一块作主峰的山石(简称主石)。①主石的左侧面,纹理较少,但有几条较深的沟槽,见图4-52(1)。②主石背面,上部纹理较多,下部有两条斜向沟槽,见图4-52(2)。③主石正面,小纹理布满全石,中部和右部有几条较深竖向沟槽,石上部有两条横向沟槽,对日后植青苔或栽种小草有利,主石高13厘米,见图4-52(3)。

(2)根据主石形态大小再挑选几块大小不一、有一定纹理的小块龟纹石,见图4-52(4)。根据构图对几块山石进行松散组合,看挑选的山石是否满足制作盆景的要求,见图4-52(5)。

2. 根据立意构图先在一块板上进行组合

造型。首先把左侧小石放置在主石左后方，使景物左侧边斜线有了曲折。其次，将图4-52(5)左前方较扁的石块放置在主石左侧前面下悬石处，形成一个平台，日后此处可放置茅屋等配件。再次，把主石右侧较大的一块山石向左贴到主石右侧，两块山石因都有凸凹部分，所以接触比较紧密，把左前方较大的小石放置在两块山石缝隙的左前，最后把3块小石放置在整体山石右侧和前面，小石要和整体山石保持一定距离，见图4-52(6)。

3. 挑选盆钵。龟纹石呈深灰色，应挑选白色汉白玉浅盆为佳。造好型的山水盆景左右长度为35厘米，前后径最宽处在山石的左侧，为12厘米。选择一个长40厘米、最宽处20厘米的椭圆形汉白玉浅盆。

4. 胶合。盆内放一层牛皮纸，放少许清水，使牛皮纸紧贴盆面，把图4-52(6)山石原样移到盆内。凡山石需要联在一起的位置都放适量水泥沙浆(在调合水泥沙浆时，加入适量墨汁，使调好的水泥沙浆和龟纹石色泽相似为好)。胶合时注意在不影响胶合牢固度的情况下，尽量留出日后栽种小草木或栽植青苔的沟槽、洞穴、凹陷等，见图4-52(7)。将已胶合好的龟纹石盆景，放荫蔽处，间隔10小时左右向山石上喷水一次，使山石以及胶合处保持一定湿度，有利水泥沙浆的凝固。

5. 绿化。山石胶合牢固后，去除山石底部牛皮纸，把胶合好的山石放入塑料盆中冲洗，去除胶合时掉在山石上的粉末、碎石，再将山石放回原盆中。在山石沟槽、凹陷等处植青苔，盆钵下放一做工精细的几架，见图4-52(8)。

6. 点缀、题名。根据立意构图，在山石左侧下部的平台上放置一个有两间茅屋的陶质配件，在山石右上耸立处放置一个陶质小塔，在盆面右前方摆放两只铅质小船，两只小船要近大远小，间隔一定距离。

该件盆景制作时虽用了几块山石，但造型胶合后呈现在观赏者面前的是一个孤山，故题名为"孤山塔影"，见图4-52(9)。

第四节　山水盆景款式与赏析

山水盆景经过数百年的发展，各地在盆景形态、款式、材料、加工技艺、布局造型等方面各有特色，分型分式方法也不尽相同，笔者将山水盆景分为水石型和旱石型，每型下又分若干款式。

一、水石型盆景

水石盆景是山水盆景中最常见的一种形式。它以山石为主体，盆面有水无土，常在山石洞穴、沟槽中栽种小草木或青苔，在山石上或水面上点缀配件，以表现有山有水的各种景致。因其造型布局、表现形式等的不同又分若干款式：根据盆景中山峰数量多少可分为独峰式、双峰式、群峰式等；根据山景形态特点可分为偏重式、倾斜式、联体式、峡谷式、散置式、洞帘式等；根据透视原理可分为平远式、深远式、高远式等。

1. 独峰式。又称孤峰式、独秀式。独峰式盆景盆内只有一块雄伟高大、挺拔秀美的山石，如图4-53"独秀峰"。

图4-53　独秀峰(石灰岩)　王浩文作

有的独峰式盆景，山景的宽度大于高度，给人们以稳固安定、坚如磐石的感受，如图4-54"卧狮雄姿"。这块燕山石的色泽、纹理都很优美，质地坚硬，外形凸凹，富于变化，是不可多得的一块山石。在山石上栽种多株芝麻草进行绿化，使山景显的更加自然而有生机。

图4-54　卧狮雄姿（燕山石）　刘宗仁作

2. 双峰式。即一个盆景中有两个山峰，应一高一低，好似一主一客。双峰式盆景中又有"瘦高型"和"雄壮型"两种。

图4-55　二郎山（钟乳石）　扬科安作

"二郎山"钟乳石盆景，两个山峰高耸险峻，给人以阳刚之美。两个山峰相距不远，夹缝很窄，增加了景物的险峻感，主峰高度为盆长的70%以上。

图4-56　悠然自得（斧劈石）　马文其作

"雄壮型"双峰式盆景，山峰比较矮而粗壮，主峰高度一般是盆长的60%左右，两个山峰亦有高低之别。这种盆景常在显眼位置摆放塔亭、人物等小配件，以衬托出山景的雄伟高大。在制作盆景时要留出洞穴，以利日后栽种小叶树木，见图4-56。

3. 群峰式。群峰式又称群山式，是由3个以上的峰峦组成的盆景。山峰虽多，但应有主峰、客峰（又称次峰）、配峰之别。特别应注意的是，主峰在高度、姿态上要优于其它山峰，主峰的优劣是一件盆景成败的关键，常见的群峰式盆景多是山峰比较高耸的盆景，如图4-27"群峰竞秀"，但也有峰峦较矮的群峰式盆景，见图4-57。

图4-57　层峦叠翠（兰田玉）　姬民生作

该件盆景是用兰田玉加工制成。兰田玉质地细腻润泽，用其制成的盆景情趣盎然，在两山之间放置一小桥，在盆前水面上点缀几只小船，使景物的动感和意境得到了很好的强化。

4. 偏重式。偏重式是山水盆景中最常见的款式之一。盆中峰峦分为两组：主体组峰峦比较高大雄伟，占据盆面60%以上；客体组峰峦要适当地小。两组峰峦外形要有所变化，如按两组峰峦的重量来讲，主体组峰峦重量是客体组峰峦重量的2倍以上，所以人们习惯称这种款式盆景为偏重式。

图 4-58　孤帆远影（沙积石）　林三和作

这件"孤帆远影"沙积石盆景就是比较典型的偏重式盆景，不理想之处，就是山石上植物偏大。

图 4-59　云涌大江头（石英石）　明宋晨作

"云涌大江头"盆景，右侧主峰底部较小，这是与普通偏重式盆景的不同之处。山峰向左侧弯曲，随即变大，然后快到山峰顶部时又逐

渐变小，形态奇特，色泽多变，打破偏重式常规造型，具有新意。左侧客峰虽然不大，但形态自然，伸向盆后沿不太高的山石弥补主峰左下部较大空白处。该件作品虽然只有两块山石，但有一定韵味和气势，说明创作者具有较高的制作技艺。

5. 倾斜式。倾斜式是水石盆景常见款式之一，其共同特点是主峰都有一定倾斜，次峰、配峰的变化不一，有的随主峰同向倾斜，有的次峰直立。

图 4-60　中流砥柱（斧劈石）　马文其作

"中流砥柱"斧劈石盆景，主峰、次峰都向左侧倾斜，盆面适当摆放几块低矮小石。该件作品是1985年为赞颂在改革开放中涌现出一批英雄模范人物而创作的。改革开放似汹涌澎湃的急流，英模人物好似中流砥柱。该件作品在1986年北京市盆景展览中荣获展览最高分，1991年在首届中国国际盆景会议期间举办的国际性盆景大赛中获一等奖。

图 4-61　横空出世（黑浮石）　马文其作

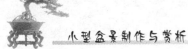

这件作品主峰选取一块表面凸凹不平且有多条斜向纹理、质地较硬的黑浮石。细看便发现多数纹理由山石右上向左下伸展，顺势把山石底部锯平，山石向右侧倾斜，具有较强的动势，达到静中有动的艺术效果。次峰直立置于盆钵右端靠盆前沿的位置上，盆面适当摆放一些小山石，在山石上栽种芝麻草，主峰左下放置水榭，右侧下部山脚处放置茅屋，使整个景致显得自然而有生活气息。

6. 联体式。联体式盆景的特点有三：其一，联体式水石盆景从正面观看峰峦联在一起，没有被水面分割成几块。其二，该式盆景主峰位置变化多样，既可在盆中央，如图4-62"夔门抒情"，也可靠近盆钵的一端，如图4-63"川江号子"。其三，联体式水石盆景，山石占盆面比例较大，一般在70%左右，水面较小。

在造好型胶合时，考虑日后搬动运输方便，在山石适当部位放塑料布，把整体景物山石分成2～3块，观赏展出时再把几块山石组合起来，只要创作技艺高超，不会影响观赏效果。

图4-62　夔门抒情（人工塑石）　田一卫作

"夔门抒情"是中国盆景艺术大师田一卫的佳作，虽是以人工塑石为材料，但作出的盆景非常逼真。塑石盆景内部是空的，适合作雾化水石盆景，雾化器放置山石内部。

图4-63　川江号子（宣石）　任根发作　胡平春供稿

宣石又称宣城石，因产于安徽宣城而得名。宣石质地坚硬，不吸水，山石多呈结晶状，稍带光泽，皱纹凹陷众多，因为石白而润泽，适宜制作表现冰山雪景，别具韵味。

因为本盆中点缀两只有桅杆的小船，过去这种船常用人工拉纤，拉纤的人为步伐统一，常喊口号，所以题命"川江号子"，给观赏者以联想的空间。

7. 峡谷式。主要表现峡谷的自然景观，如巴渝山峡雄伟险峻的山峰，江水湍急、一泻千里的气势。峡谷式水石盆景的造型常采用两组峰峦相峙，中间夹一江河的布局。两组峰峦之间距离宜近不宜远，太远无峡谷的气势。两组峰峦要有高低、大小、主次之分，但峡谷两侧石壁以挺拔险峻为好，峡谷的前后有一定深度、意境会更好。

图4-64　春水出峡（燕山石）　马莉作

在盆面右侧放置一块呈不等边三角形燕山石，在其右边放置一块小山石，在盆面左侧放置一块前后较长、左右较窄比主峰略矮的燕山石为次峰，主次峰间距不要太宽，在次峰前面放置两块比较低矮的片状小石。

在主峰顶右侧栽种一颗小叶树木，峰顶放置一亭，江面放置近大远小的两只小舟，这样的造型布局使景物显得自然优美。

8. 散置式。该式主要用来表现江河、湖泊、海滨中群岛、山礁等自然景观。盆内峰峦虽较多但都不太高，在这些峰峦中亦应有主峰、次峰、配峰之区别。

散置式的布局比较活泼而随意，一般由三组以上比较低矮的峰峦组成，每组峰峦中都要有一块比较高的山峰。

图 4-65　新安江揽胜（浮石）　仲济南作

"新安江揽胜"散置式盆景，由五组以上低矮峰峦组成。其主峰置于盆右侧，盆面疏密有致地布置峰、峦、礁石，在主峰旁山峰上放置一小塔，盆面放置 2 只小舟，山脚处放置房屋配件，使盆景具有生活气息。

9. 洞窗式。洞窗式水石盆景是通过凿洞或拼接，使山石形成孔洞，好似在山体中央开了一个窗户，观赏者的视线通过山体上的洞窗可以看到山峰背后的景物。

制作洞窗式盆景既可用松质山石，如沙积石、浮石、芦管石、鸡骨石等，也可用硬质山石拼接而成。因为硬质山石质硬，加工难度大，雕凿出的洞窗人为加工痕迹明显，如果能找到呈"U"字形硬质山石来作洞窗式盆景最好。

图 4-66　洞天春色（燕山石）刘宗仁作

"洞天春色"盆景就是用几块片状燕山石拼接而成的。拼接的几块片状山石纹理、色泽以近似为好。几块山石拼接反而有层次感，但要求创作者要有精湛的技艺。

图 4-67　天外有天（燕山石）　马文其作

笔者在北京西山得到一块基本呈"U"字形的燕山石，根据立意构图在山石左右山脚放置几块小石，为了形成"天外有天"的意境，使景物有一定深度（即远景），在右侧山石后面放置几块小燕山石，在小石上放置一个小亭，在主体山石左右两侧胶合小石时留出坑洞，即成图 4-67"天外有天"的景相。

该盆景独到之处在于：主体是一块完整的燕山石，用稀盐酸浸泡一下，使山石显示出优美的纹理，未作其他加工。棕褐色石体上，有众多横向纹理，而且还有大小不一的诸多黄色斑点或块状，使山石更显艳丽多彩。

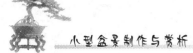

10. 平远式。平远式山水盆景中的主峰高度应在盆长度的 1/5 之内，山峰顶部不要太尖，要适当成弧形为好。不论主峰、次峰还是配峰，坡脚要适当地延长，水面占盆面的 50% 左右，以表现水域宽广的江南风光、鱼米之乡以及海滨渚、礁之景致。

在平远式盆景中栽种植物不要高过主峰顶部，以小草、青苔绿化为好，点缀的桥、塔、亭、屋、舟也要掌握好比例关系。

图 4-68　情依山河（浮石）　仲济南作

"情依山河"盆景中的山石顶部都呈弧线形，主峰高度仅是盆长的 1/7，主峰及大部峰峦置于盆面左侧，盆面中部及右侧留有广宽的水面，其中点缀一小船，其目的有二：一是增加景物的生活气息；二是宽广的水面过虚，点缀小船后，虚中有实，达到整体和谐、协调的艺术效果。

图 4-69　双帆远航（黑浮石）　马文其作

"双帆远航"盆景将不高的黑浮石峰峦置窄而长的汉白玉浅盆中，衬托较矮的峰峦以及低矮而长的坡脚更加突出明显。为衬托景物深远，在盆钵后沿前放置两只仅有 1 厘米高的小舟配件，主峰左侧栽种两株芝麻草。该盆

景由 5 组峰峦组成，基本呈右高左低的趋势，快到盆钵右沿时，山石基本呈刚显出水面的形态。

11. 深远式。深远式又称全景式，它把近、中、远三景浑然一体置于一盆中，把近、中景物分别置于盆钵左右两侧，在盆钵后沿前放置一组比较低矮的山石为远景。三组峰峦除高低不一外，外形也要有所变化方显自然。

图 4-70　祖国江山铁铸成（龟纹石）　马文其作

图 4-70 作品用的是黑褐色龟纹石，右侧主峰（近景）由高低错落的峰峦组成，盆钵左侧次峰（中景）由两个比较矮粗山峰组成，在盆钵后沿前放置一块呈三角状的低矮小石为远景。在主次峰上栽种芝麻草，在次峰右侧放置一向主峰方向划来的竹排。盆钵用汉白玉浅盆，衬托得山峦更加雄壮，用"祖国江山铁铸成"题名，表达了创作者对祖国江山的良好祝愿。

图 4-71　碧水连天（兰田玉）　姬民生作

"碧水连天"作品中的山石采用石质润泽、呈淡绿色的兰田玉为石材。主体峰峦较多而雄伟,置于盆钵左侧;客体峰峦低矮置盆钵右侧,使景物的景深远。在盆钵后沿前放置由4块低矮小石组成的远景,盆中点缀一亭和一个划竹排人物配件,使景物具有生活气息。盆面在淡蓝渐变背景的映衬下,好似碧水连天。

12. 高远式。高远式山石盆景是常见的一种形式,常用来表现崇山峻岭、悬崖峭壁、气势磅礴的山河风光。

制作挺拔刚直、形态雄浑的高远式盆景时,常选用斧劈石、木化石、沙积石等山石。

高远式盆景中的峰峦都比较高,尤其是主峰一定要有高耸挺拔、险峻雄伟的气势,其高度以盆长的70%以上为好。高远式盆景峰峦要有坡脚,但不能像平远式峰峦坡脚那么长,常采用几块小石立于峰峦旁,其目的有二:一是使较高的山峰立的更稳;二是使山峰外形有曲折变化。

图4-72 三峰鼎立(沙积石) 马文其作

上图这件盆景用沙积石制作而成。三个山峰的左右观赏面都胶合上小块沙积石,在右侧主峰左下部制成一平台,台上放置陶质茅屋配件。在近景和远景山峰之间放置一多孔、低矮而长的小桥配件,在盆面中前部放置三个不等距的小舟,中间一只小舟靠近前面小舟些,才能达到造型的艺术要求。在主峰下部以及盆面

点缀配件后,三个较高的山峰就不会显得头重脚轻。

图4-73 雄姿(木化石) 钱吉米作

"雄姿"盆景,主峰高大雄伟,其高度超过盆长的70%,主次峰间距较小,盆中峰峦比较紧凑。远景山石在该盆景中有两处:一处在主峰和次峰空白后,盆的后沿前,由多块小石组成低矮小峰峦;另一块在次峰山石的左后方。该景不足之处在于峰峦过于紧凑。

在现实生活中,除上面介绍的10余种款式外,一些盆景爱好者可根据自己的喜好或手头现有石材制作出一些盆景,有虽然难以归到什么款式中,但亦有一定情趣。

二、旱石型盆景

旱石盆景是以山石为主体,盆内有土(或沙子)无水,适当栽种植物或点缀配件,表现有土无水的自然景色,称为旱石盆景。旱石盆景根据立意、构图、用材以及制作方法的不同,有表现千姿百态的石树盆景,有表现沙漠风光的沙漠盆景以及表草原牧场景色的盆景。当然这些盆景都是经过综合、提炼、升华、艺术化了的盆景。

1. 石树盆景。石树盆景又称山林风光盆景。这种盆景以山石为主体,在山石旁或山石间长有千姿百态的树木,300年前的《芥子园画传》中就有这样的绘画,见图4-74。

图 4-74 《芥子园画传》中的砧树

自然界中，很多山石旁或山石间长有树木。安徽黄山的许多山石间甚至在山半腰缝隙处都长有大小不一、姿态各异的树木，其中尤以松柏树居多。民间流传有"黄山归来不看山"，也就是说，看了挺拔险峻的黄山上长的千姿百态的树木之后，别的山就没有了看的情趣，驰名中外的迎客松就长在大石旁，见图 4-75。这种美丽的自然风光为盆景创作者提供可资借鉴的素材。

图 4-75 黄山迎客松雄姿 马文其供稿

"峭壁旁边树更奇"盆景。在悬崖峭壁的左侧长有一株树干呈"8"字的石榴树，树冠在山石 1/3 高处伸向左侧和山石的动势保持一致，树干与树冠的右侧及山石的左侧两处有接触，石与树形成一个有机的整体，盆面长满翠绿的芝麻草，在红色背景的衬托下，景物更显俊俏可爱。

图 4-76 峭壁旁边树更奇（鸡骨石石榴） 马文其作

下图"熊猫望子"盆景。在一汉白玉椭圆形盆钵后部放置一块大安石，山石右高左低，动势向左。在盆的右侧栽种两丛较高凤尾竹，在盆左端栽种一丛较低矮的凤尾竹，盆面长满绿油油的小草。在盆中央及左侧山石脚部放置一仰卧大熊猫和一小熊猫，大熊猫似在观看其子玩耍，景物造型看似简单，但它蕴涵着浓厚的母子情谊。

图 4-77 熊猫望子（大安石凤尾竹） 马文其作

下图"树石情"盆景。挑选加工出一块主峰高耸、次峰矮壮而有沟槽的山石，再挑选一株叶小、枝长而柔的树木，如六月雪等。春季先把山石放置椭圆形较浅紫砂盆后部，用培养土把树木栽种到山石前，根据立意构图把树木嵌入山石的沟槽内加以固定，经培育成图 4-78 形态。

山石质硬而重，外观基本呈直线形，是刚的表现；树干细质软而柔，弯曲嵌入山石沟槽中，是柔的表现，椭圆形盆缘多呈弧形，也是柔的表现。该景达到刚柔相济的艺术效果。盆面长满青翠的小草，使景物更显真实自然。

图 4-78　树石情

2. 沙漠盆景。"沙漠双驼"盆景的主峰置盆右侧，次峰置盆钵左侧，远景置盆钵后沿前，两只骆驼置盆后沿前沙地中，两骑手好似在驼背上向远处眺望。该景造型并不复杂，但它展现给人们的是一幅生动的沙漠风光画面。

制作沙漠盆景，盆景艺者多采用千层石，因为千层石纹理结构横向，好似历经千百万年风吹、日晒等侵蚀而成。

图 4-79　沙漠双驼（千层石）　马文其作

"沙漠绿洲"盆景。在无垠的沙漠中，偶尔见到一块绿洲，让人兴奋不已，盆景爱好者把这一喜人的自然景观，用盆景的形式呈现在人们面前。

该景两块千层石放置盆钵左端，绿洲呈带状分布。骑白马牧羊者放置在靠近山石一侧，面向右侧羊群，几只羊近大远小、疏密有致地摆放，很好地表达了主题。

图 4-80　沙漠绿洲（千层石）　马文其作

3. 草原风光盆景。旱石盆景中还有一种表现草丰羊肥、一派生机的盆景。这种盆景常采用长方形或长椭圆形浅盆，盆钵后沿前放高低错落的几块山石，盆面中前宽广处栽种旺盛的小草，在草地上放置数只近大远小的羊配件。

这种表现草原风光以及草丰畜肥的画面，给人一种"天苍苍，野茫茫，风吹草低见牛羊"的意境，见图 4-81。

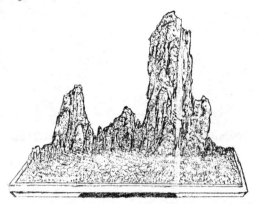

图 4-81　草原风光盆景

图 4-82　旱盆水意盆景（燕山石）　马文其作

近些年来出现一种称"旱盆水意"的盆景。这种盆景采用不规则汉白玉宽边盆，根据立意构图把汉白玉的中间部分去除，使之呈不规则的凹陷，在凹陷内放山石土壤，栽种小草，在山石旁点缀配件。汉白玉不规则盆边是白色，好似水面一样，在盆边上点缀小舟或放几块小山石，构成山水景观。

随着时代的发展，文化艺术的日益繁荣，人们的审美需求不断提高，高水平、新款式的盆景将会不断涌现，以满足大众日益增长的精神文化生活需求。

附录：制作盆景的工具

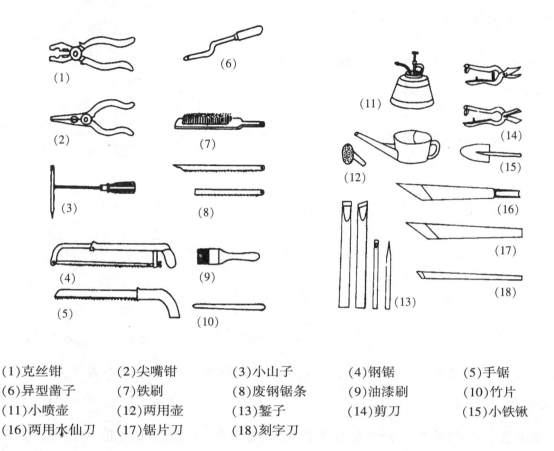

(1)克丝钳　　　(2)尖嘴钳　　　(3)小山子　　　(4)钢锯　　　(5)手锯
(6)异型凿子　　(7)铁刷　　　　(8)废钢锯条　　(9)油漆刷　　(10)竹片
(11)小喷壶　　　(12)两用壶　　　(13)錾子　　　　(14)剪刀　　　(15)小铁锹
(16)两用水仙刀　(17)锯片刀　　　(18)刻字刀

主要参考文献

佟屏亚. 果树史话. 北京： 农业出版社,1983.

陈植等. 观赏树木学 增订版. 北京： 中国林业出版社,1984.

陈俊愉. 中国花经. 上海： 上海文化出版社,1990.

马文其. 盆景制作与养护 修订版. 北京： 金盾出版社,1993.

徐晓白等. 中国盆景制作技艺. 合肥： 安徽科学技术出版社,1994.

马文其. 中国水仙造型及欣赏. 北京： 中国林业出版社,1999.

刘金等. 观赏竹. 北京： 中国农业出版社,1999.

李树华. 中国盆景文化史. 北京： 中国林业出版社,2005.

本书绘图、摄影作者

曾宪烨	刘国良	马德荣	解秀纯	李荣光
蒋 铎	胡光生	林运熙	曹世卿	梅星焕
施德勇	刘义斗	黄泽发	胡平春	陈 浩
黄 伟	张小丁	仲济南	王小桔	黄建明
兑宝锋	段心一	黄君卫	吕 艺	

本书盆景作者、供稿者已在书中署名

后 记

本书在编写过程中,得到中国盆景艺术家协会领导、中国盆景艺术大师、理事以及广大会员的关怀和支持。中国盆景艺术家协会副会长、中国盆景艺术大师赵庆泉、王选民,副会长章征武,中国盆景艺术大师贺淦荪、张尊中、冯连生、田一卫,中国盆景艺术家协会理事卢遁骅、曾宪烨、王兆毅、陈正奎、仲济南、胡光生、刘天明、宋念祖、王琼培,著名盆景园扬州红园、集翠居,盆景名家林三和等提供了上乘的盆景作品。人民日报社高级记者蒋铎给予很多帮助,第一章中两幅清代墨线图摘自李树华教授《中国盆景文化史》一书,陈志就、周永友两位先生分别提供了面封和底封盆景作品。

在此特别提出的是曾宪烨先生在百忙中为本书的编著做了许多工作,金盾出版社对本书的出版给予了大力支持,在此一并表示感谢。

作 者